澄心沟通　E 路成长

——澄心$^{+}$ 未成年人心理咨询案例汇编

本书编写组　编

图书在版编目（CIP）数据

澄心沟通 E路成长：澄心$^{+}$未成年人心理咨询案例汇编/《澄心沟通 E路成长》编写组编．—苏州：苏州大学出版社，2019.7（2020.9重印）
ISBN 978-7-5672-2884-9

Ⅰ．①澄… Ⅱ．①澄… Ⅲ．①青少年—心理咨询—案例 Ⅳ．①B844.2

中国版本图书馆CIP数据核字（2019）第141529号

书　　名： 澄心沟通 E路成长——澄心$^{+}$未成年人心理咨询案例汇编
编　　者： 本书编写组

责任编辑： 方 圆

出版发行： 苏州大学出版社（Soochow University Press）
社　　址： 苏州市十梓街1号　邮编：215006
网　　址： www.sudapress.com
印　　装： 苏州市越洋印刷有限公司

开　　本： 700 mm×1 000 mm　1/16　**印张：** 9.75　**字数：** 135千
版　　次： 2019年7月第1版
印　　次： 2020年9月第2次印刷
书　　号： ISBN 978-7-5672-2884-9
定　　价： 36.00元

编 委 会

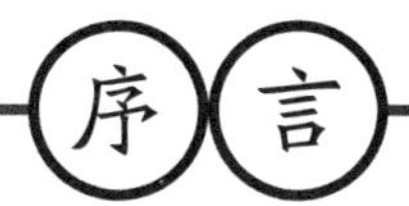

2016年的春天，相城区文明办在相城区市民活动中心播下了一颗种子：澄心+未成年人健康成长指导中心。在这里，一个由心理咨询师组成的志愿者团队守护着孩子们的心理健康。三年来，这颗种子在相城这片沃土上生根发芽、茁壮成长。

三年来，澄心+已经成为相城区心理健康服务的品牌，咨询量逐年递增，已经达到2 000多人次，形式多样的心理教育活动也吸引了大量的家长和孩子。在2018年的江苏省未成年人心理健康教育培训工作会议上，澄心+成为江苏省未成年人心理健康教育优秀范例。

人们对心理健康的关注随着社会的发展而产生。未成年人的心理健康涉及孩子的未来，澄心+在这方面的工作具有非常重要的意义，其成立的目的就是为了让孩子多一分快乐，多一分幸福，少一分烦恼。

澄心+的心理咨询师们是一群默默的天使，少有人知道他们的工作，这本书也许可以让我们看到心理咨询师工作的冰山一角。

本书将给大家呈现未成年人幼儿期、童年期和青春期三个阶段常见的心理困扰以及心理分析和解决办法，给教师、家长和学生一些相关的启发，减少类似问题的发生，预防心理问题的产生，促进家庭更加幸福和谐，孩子健康快乐成长，为构建和谐社会出一分力。

希望澄心⁺未成年人健康成长指导中心发展成一个参天大树，发挥它的影响力，呵护和帮助更多的未成年人及其家长，给更多的孩子和家庭带来幸福和温暖。

编　者

2019. 7

目录

·萌·萌·幼·儿·

·青·青·小·学·

二、澄心说

·飞·扬·中·学·

一、案例

萌萌幼儿

幼儿期是指孩子3～6岁的发展时期，是人生的第一叛逆期，此阶段的孩子天真、幼稚、纯洁、活泼，身心迅速发展，在各方面都发生着日新月异的变化。此阶段孩子的思维表现出具体形象性以及初始的抽象概括等特点，对这一时期孩子的教育要以具体形象事物做参考。此阶段也是培养孩子和父母之间情感关系的黄金时期。

“偷”幼儿园的玩具

——孩子吸引父母注意的特殊方式

一名幼儿园小班孩子屡次出现将幼儿园的玩具带回家的现象。幼儿园的孩子有以自我为中心的特点，带玩具回家的原因，一方面是想拥有自己的玩具，另一方面是想借此获得父母的关注。遇到这样的情况，父母要明确地告知孩子这种行为的不正确性，但不能随意给孩子贴上“小偷”的标签。

成长的烦恼

小语是一名4岁的小女孩，最近她三番五次地把幼儿园的玩具拿回家，在老师和家长的多次教育下依旧不改，万般无奈之下，小语的父母来到澄心⁺寻求帮助。

“老师，我这孩子总是把幼儿园的玩具拿回家，您说我们平时也没少给她买玩具，她怎么就对幼儿园的玩具情有独钟呢？怎么说也不听，真不知道该怎么办了。这是偷东西吗？是不是道德品质有问题？”很显然，小语的妈妈对此情况束手无策，十分焦虑。

第一次见到小语，给人感觉是一个特别乖巧可爱的小女孩。咨询师和小语单独进行了一次交谈。“小语，房间里的这些玩具，你可以挑选一个你喜欢的，然后我们一起玩好不好?”小语点了点头，开始挑选自己喜欢的玩具。面对玩具时，小语慢慢地放松下来，开始与咨询师交谈。通过和小语的几次接触，咨询师发现小语有些怯懦，不敢表达自己的想法，在幼儿园里也没有好朋友，总是孤独地缩在角落里，常常被老师忽略，甚至在父母的面前也是这样。

小语究竟遭遇了什么事导致现在的怯弱怕生?孩子身上出现的问题一定有其原因。于是，咨询师决定对小语和她的家人进行一次家庭访谈。从与小语及其父母的对话中了解到，小语的父母工作很忙，总是要出差，就把小语寄养在奶奶家，但是堂哥总是欺负小语，抢她正在玩的玩具，奶奶看到了，也不去制止。

结合之前对小语的观察以及家庭访谈中了解到的情况，咨询师有了判断：小语拿幼儿园的玩具，只是想拥有自己的玩具，不再被堂哥抢走；后来她又发现把幼儿园的玩具拿回家可以得到老师和父母的关注，便三番五次地这样做以求获得关注。

澄心分析 >>>>

不经允许，孩子就带走幼儿园或者其他小朋友家里的东西，很多家长都遇到过这种情况，而且会给孩子贴上“偷东西”的标签，甚至打骂教训。但实际上，很多孩子都算不上真正的偷窃，他们甚至都不知道这种行为叫偷窃。

那么，孩子为什么会偷偷带走不属于自己的东西呢?这就要从孩子的“无意行为”和“有意行为”上找原因。

瑞士著名儿童心理学家皮亚杰把0～3岁阶段称为前道德阶段。这一阶段的幼儿没有规则意识，关于“偷窃”这样的道德观念还未发展起来。因此，对于一件东西是属于“自己的”还是“别人的”，他们对此界限并不清晰。

很多时候，孩子只是因为“我喜欢这个东西”而把它放到口袋里，就像在路边看到一块漂亮的小石头带回家那么简单。在幼儿园没玩够，或者想“独占”某个玩具，都可能使孩子把它带回家，因为这个年龄段的孩子还没有形成物品的所属概念。

此时家长应该做的是：了解孩子的想法，不“上纲上线”。避免用“审问”的方法质疑孩子，造成孩子因为压力而被迫说谎；不随意给孩子贴上“小偷”的标签，使其自卑，产生心理障碍；引导孩子建立“物权”观念：明确告诉孩子，这个东西的“家”在幼儿园，把它带走是不对的。平时多使用“爸爸的”“妈妈的”“商店的”“小朋友的”这样的说法；陪同孩子归还物品，鼓励孩子勇敢承认错误，注意不要当众责骂或是随意转述，给予孩子充分的尊重和信任。

到了五六岁时，孩子已经形成了规则意识，如果还会把幼儿园的东西带回家，可能是因为控制自我行为的能力比较差，明知道不对，还是会抵不住诱惑而违反规则，而且因为潜意识中觉得这样不对，孩子往往还会把拿回家的东西藏起来。

有些时候，孩子会因为想要引起大人的注意，或是模仿大人、动画片里的行为而“偷拿”别人的东西。他们还不太了解这种行为背后的含义，加上是非观念薄弱、意志力较差，就容易做出违反规则的事情。

此时家长的应对方法是：明确告知孩子这种行为是不正确的，强化孩子的是非观念，采取正面教育的方式，让孩子知道这样的行为是不被允许的。鼓励孩子承认和改正错误，倾听孩子的想法，如果孩子是因为想要引起注意或模仿别人的行为，家长要及时与之交流，给予孩子正确的引导。同时还要观察孩子行为的变化，如果孩子拿东西回家的行为消失了，要及时表扬，如果仍然出现，家长可以和老师沟通合作，观察孩子行为的动机和规律，帮助孩子克服。

澄心建议

不管孩子是“无意”还是“有意”，拿了不属于自己的东西，父母都要以理性平和的心态来引导教育。教育学家卢梭曾说：“要尊重儿童，不要急于对他做出或好或坏的评判。”尊重和信任孩子，帮助他度过成长路上的每个关卡，是家长们最好的守护方式。

对于小语来说，也许之前是因为无意识的行为，还没有物权观念，但是后来只是为了引起父母的注意。澄心⁺的建议是给予孩子充分的关爱。出于这种原因“偷窃”的孩子，想要的并不是物质，而是关爱。因此，家长要多抽出一些时间来陪伴孩子、了解孩子，并且经常带孩子出去玩耍，结交朋友。

其实很多孩子都有过偷偷拿走别人东西的经历，而许多家长会采取打骂教育。但大部分孩子都不是真正的偷窃，他们甚至都不知道那种行为叫偷窃。打骂会严重伤害孩子的身心。

发现孩子“偷窃”，不恰当的教育方式会带给孩子很大的伤害，以下五个教育雷区，家长一定要避开：

1. 视而不见或袒护

有些家长认为孩子“偷窃”是暂时性的，长大了自然就好了，所以干脆视而不见或袒护孩子。孩子得不到正确的引导，以后很容易养成偷窃的习惯。

2. 给孩子贴上“小偷”的标签

很多孩子并不知道这种行为是偷窃，家长一发现孩子偷拿东西，就粗暴地给孩子贴上“小偷”的标签，使孩子产生自卑心理，并且可能成为孩子难以跨越的心理障碍。

3. 打骂孩子

打骂孩子不仅不利于解决问题，还会伤害孩子的自尊心，引起孩子的逆反心理，导致孩子通过更多不良行为来发泄不满。

4. 让孩子当众认错

很多家长为了表明自己坚定的态度，一旦发现孩子“偷窃”，就命令孩子当众认错，并斥责孩子，以便让孩子不敢再犯。其实，这是在羞辱孩子，带给孩子的是自卑和羞耻以及对大人失去信任。

5. 反复追究，随意转述

事情已经过去，就不要反复提起，也不要发现孩子拿了什么东西就说“这又是你从哪里偷来的”这样的话，以免伤害孩子的自尊心；不要随意将事情告诉别人，给孩子充分的尊重和信任。

其实，孩子的“偷窃”行为并不一定是大人所理解的偷窃，当孩子犯错时，作为老师和家长，自己首先要保持理性，然后再来引导和教育孩子。

真假多动症

——我们是否过度解读孩子的问题

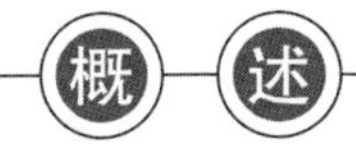

一名3岁半男孩因为“好动”被家长误认为是多动症。通过咨询发现，孩子的好动反应全部都符合第一叛逆期的行为表现，却被家长过度解读。建议家长的学习要走在孩子前面，提前了解孩子这一阶段和下一阶段的发展特征，用适应发展特征的方式进行教育。

成长的烦恼

球球是一名3岁半的小男孩，被妈妈强行带进咨询中心，原因是妈妈认为他有多动症，需要咨询师给予“治疗”。

“老师，我这孩子可能有多动症，您帮我看看。”很显然，球球妈非常焦虑，言语中带着慌乱和不知所措。

“请问您是怎么知道孩子有多动症的呢？是否去过专业的医院进行诊断？我们这里是未成年人健康成长指导中心，负责校外心理健康辅导，并不是医院。心理咨询师无权对多动症进行治疗，如果球球确实有疑似多动症，我们会将球球转介去医院进行诊断治疗。”咨询师介绍说，并决定先好好了解一下情况。

“老师，这孩子真是太好动了，到哪儿都坐不住，到哪儿都停不下来，一双手老是喜欢摸来摸去，眼睛也停不下来，东张西望。教他学几个简单的数字都学不下来。还有，他老是说胡话，说看到鬼怪，您说孩子是不是撞邪了？我同事和邻居都跟我说可能是多动症，所以我就带他来看看……”

球球妈就像打开了的水龙头，将球球的“症状”和自己的困扰统统倒出。这番话肯定已经有相当多人听过了，也有不少人给出了他们的“诊断”。是“撞邪了”还是多动症，显然不是只通过家长的描述就可以判断的，咨询师决定先对球球进行一些观察。咨询师将球球领进沙盘室，球球妈一见就紧张地说：“他肯定会将您的房间弄得乱七八糟，还是别让他进去了，免得您到时很难收拾啊。”

“没有关系，如果他弄乱了，我可以和他一起收拾，请放心。”咨询师转而蹲下对球球说道：“你看，这里有很多玩具，你可以任意挑选你喜欢的。不过，要记住，玩具都有自己的家，从哪里拿的玩具要记得把它送回家哦。如果你答应老师可以做到，就可以在这里玩了。”球球很开心地拼命点头。“好的，老师相信你，去玩吧！”

球球一听立马欢快地东摸西看，咨询师在一旁仔细观察孩子的行为，发现球球虽然行为活跃，但是很有条理。

“老师，我喜欢这个。”球球拿起一辆小车向咨询师展示。

“球球为什么喜欢小车啊？”

“以前爸爸妈妈带我去游乐园玩过，爸爸一辆，我跟妈妈一辆，可好玩啦！”

“那球球手里的小车是给爸爸坐的还是给你和妈妈坐的呢？”

“这是我和妈妈坐的，爸爸的车子比我们的大，我来找个大的给爸爸。”随即便发现了一辆，向咨询师展示过后，又转向另一个柜架，终于找到了爸爸、妈妈和自己的替代公仔，投入了模拟他们一家三口玩碰碰车的游戏中。

结合球球妈对球球“问题”的描述，咨询师得出判断：“在我看来，您的孩子不像是多动症。”“啊？真的吗？”球球妈简直难以相信：“可是他太爱动了，我看其他孩子都不这样啊，他怎么那么爱动呢？”

“有时候这跟父母对孩子的引导有关，所以即使在同一发展阶段的孩子也会表现出不同的状态，请问您是不是常常命令孩子坐着不许乱动呢？”

“对啊，他太爱动了，有时候在外面会乱摸别人的东西，我们就想把他纠正过来，尤其是他爸爸，为这个没少揍他。”

“那就是了。孩子3～5岁处在第一叛逆期，您越不让他动，他可能就越想动，相反，如果您尊重孩子这个年龄段的发展需要，并且信任他，他就不会那么逆反了。我们在引导的时候要正向引导，例如，我对您说，请不要想大象可以吗？不要想大象！请问您的脑海里浮现的是什么呢？”

“大象。”

“是的，我们大脑接收到的指令是否定词后面的那个，所以我们给孩子指令的时候尽量用正向肯定的语言，例如把‘不要乱动’换成‘保持安静一些可以吗’，把‘不要哭了’换成‘调整一下你的情绪，笑一笑吧’。我们成人有时候也会这样，暗示错了，身体就会出现一系列的问题，例如，暗示自己‘不要紧张’，我们反而更加紧张了，换成‘放松一点’就好多了。”

球球妈使劲地点点头。

“球球，好玩吗？”咨询师来到球球面前。

“好玩，我跟他们已经是好朋友啦。”说着，肉肉的小手举起几辆小车和公仔。

“你们这么快就成了好朋友啦？球球还记得这些好朋友都是从哪里拿来的吗？”

“记得。”

“那球球一会儿回家前能不能把这些好朋友都先送回他们自己的家里去呢？”

“嗯！我能！”

在球球妈略带惊讶和欣慰的目光中，球球将玩具一件一件地摆回原处，并没有出现球球妈一开始担心的情况。

“看到了吗？孩子的能力很强哦。”

“哦，原来是我们误会了孩子，知道了这是正常现象，我们就放心了，谢谢您！”道谢之后，球球妈呼唤儿子回家，而言语当中也显得缓和、温柔了很多。

毫无疑问，每个人都是从幼儿走向成年的，这在生理上是一个不断成熟的过程，同时也是一个心理上不断成长、变化的过程。家长们早已跨越了这个阶段，却很容易忽略孩子的弱小和无力，只是一味急切地要将一切“真知”和“捷径”告知孩子，这样或许会让他们比其他孩子长得快一点，但当我们高高地站立在孩子面前大声“教育”他们的时候，可能会忘了孩子有多无助。在这样的背景下，我们往往遇到一些孩子本身没有问题，但父母出于不理解而过度解读孩子的行为，把没有问题的孩子看出了“问题”的乌龙事件。针对这样的问题，政府已经开始通过专业人员的力量来缓解。我们也希望能尽一份力，逐渐从对问题的干预走向对问题的预防和科普，以此来帮助更多的家长和孩子。

澄心分析 >>>>

也许球球妈和她身边的同事、邻居并不知道，多动症的全称是“注意缺陷多动障碍”，具体表现为与年龄和发育水平不相称的注意力不集中和注意时间短暂、活动过度和冲动。随着近年来精神健康越来越被大众所重视，一些“耳熟能详”的疾病也时常被人们提起，比如“强迫症”“多动症”等。因为专业的限制，很多人容易对这样的疾病望文生义，误读其中的意思，平添很多困扰。其实，多动症中的“多动”只是一个表现，其背后的本质是注意力方面的缺陷，如难以保持注意力的稳定，无法投入某件事情中等，认定多动症要符合很多项症状表现。根据球球在沙盘室的表现，他的情况显然不是这样的。

既然多动的背后是注意力的问题，那么是否一个孩子没有达到大人预期的专注程度就可以判断为疑似多动症呢？也不是的。对于儿童的心理问题，还有一个很重要的判断准则，那就是其表现是否与年龄和发育水平相称。每个年龄段的孩子都有不同的心理发展状况，像球球这个年龄段的孩子，就是处于充满好奇心、泛灵论和具体形象思维发展的阶段，这三个特点正好可以解释球球妈所提到的关于孩子好动、拟人化以及学习能力的问题。

幼儿阶段是孩子好奇心最旺盛的阶段，他们以自己的方式去探索和认识这个充满未知的世界，所以会表现出“摸来摸去”“东张西望”等现象。孩子的“好动”程度不同，有些孩子生性比较活跃，即使看起来比其他孩子更好动，给人以“多动”的印象，而实际上大多仍在正常范畴之内。多动症中的“多动”其实是一种更偏向于病态的“多动”，如常常手脚动个不停，或在座位上扭来扭去。

至于拟人化，也是孩子处于泛灵论时期的典型表现，即认为一切事物都是有灵魂的，例如太阳公公、月亮婆婆，花儿会笑，小草会哭……而一些家长在教育孩子的时候，总是会恐吓他们“不听话鬼就来抓走你”，或者“再哭狼外婆就来吃掉你”，等等。孩子内心很害怕，就在自己的脑海中构建了自己认为最恐怖的形象，他们的想象力非常丰富，脑海中构建的东西有时候就像是在眼前看到了一样。

最后是关于学习能力的问题，球球现在学不会书面上的阿拉伯数字也很正常，因为他的思维水平正处在具体形象思维阶段，处在这一阶段的孩子需要借助一些形象的实物来理解和记住要学习的内容，理解抽象的数字符号是有一定困难的。根据这个年龄段儿童的思维特点，家长可以教孩子数一个苹果、两个苹果，或者一支笔、两支笔，这样孩子就能够识记了。

澄心建议

（1）信任孩子，在引导的时候多用正向引导，例如把“不要乱动”换成“保持安静一些可以吗”，把“不要哭了”换成“调整一下你的情绪，笑一笑吧”。

（2）家长对孩子教育的学习要走在孩子发展的前面，先了解孩子在这一阶段的发展特点，就不至于闹出乌龙的笑话。用孩子难以适应的教育方法将不利于孩子的成长，用符合孩子发展特点的方法可以起到事半功倍的效果。

（3）孩子与父母都要调整好自己的心态，家长不要过度关注孩子，以至于把正常的反应当成不正常的。

（4）遇到自己不理解的现象时要及时寻求专业的帮助。

不张嘴的宝宝

——自闭症儿童的辨别

小静，小班的女孩，3 岁，不爱说话，无论在哪里都待在一个地方不动，要么坐在那里，要么靠墙站着，眼睛不知道在看什么，也不和别的小朋友玩，家长和老师给她玩具她也不感兴趣。经过咨询师评估转介到精神卫生中心做鉴别诊断，由医生确诊为自闭症。于是家长重视起来，尽力配合医生的嘱咐，控制、延缓自闭症状的进一步加深。

成长的烦恼

咨询师刚放下电话，电话铃又响了起来：“您好，这里是心理……”咨询师的话语还没说完，电话那头一位家长便哽咽着说了起来：“老师您好……我想预约最早的时间去你们咨询室咨询，我快崩溃了，不知道该怎么办，您可以快点给我预约吗?”“请您先稳定一下情绪，然后和我说一说您想咨询的问题，我帮您匹配适合的咨询师。”“老师，我家女儿 3 岁，孩子小时候很可爱，走路也早，很多人都说她长大后会是特别聪明的孩子，可是她讲话比较晚，我一直都觉得她就是比较文静的女孩子，可是我听很多人说她这样太文静了不好，怀疑是不是不会说话，就上网查了，觉得有点像自闭症，想来确定一下。”于是咨询师给她安排做了初始评估。

在当天安排的咨询中，咨询师了解到，孩子父母都是高学历，平常忙事业，早出晚归，出差是家常便饭，从出生以来妈妈只带了孩子两个月，就主动要求回单位上班了，孩子一直由保姆阿姨照顾到现在。在上幼儿园以来开始出现明显的问题现象。老师发现在小朋友做团体活动时，她总是一个人在外面坐着或者看着窗外，既不参与团体活动，也不关心和关注团体活动的过程，老师喊她名字也很少有反应，直到老师去拉她，才跟着老师去床上或座位上。在床上睡觉的时候，睡姿一直保持不变，其他小朋友会翻身、互相聊天，她一律没有，不哭闹，也不投入。老师试过了很多办法，她都无法融入环境和教学活动中。后来老师和孩子妈妈沟通，妈妈也很疑惑。当老师提出是否要去做一下心理咨询的时候，妈妈才重视起来，通过一段时间的观察和上网了解到的情况，最后绝望无助地带孩子来到了咨询室。

据观察，孩子出现了语言发展迟缓，甚至倒退的现象，不参与社交行为和群体活动，目光呆滞，反应迟缓、刻板，在咨询室中和咨询师没有主动互动，不愿意画画、做沙盘，不配合做角色扮演，坐在沙发上低着头玩手指，可以持续一个小时左右，任凭咨询师怎么互动都没有明显的回应。经评估疑似儿童孤独症，又称自闭症。由于心理咨询师没有诊断权，需要由心理治疗师做鉴别诊断，故而转介到苏州市精神卫生中心做进一步的诊断和干预。

母亲带孩子去医院，孩子被确诊为自闭症，咨询师反馈请遵医嘱，并配合做干预治疗。

澄心分析 >>>>

什么是自闭症呢?

自闭症又称儿童孤独症，是广泛性发育障碍的一种亚型，以男性多见，起病于婴幼儿期，主要表现为不同程度的言语发育障碍、人际交往障碍、兴趣狭窄和行为方式刻板。约有 3/4 的患者伴有明显的精神发育迟滞，部分患儿在一般性智力落后的背景下某方面具有较好的能力。

自闭症的常见临床表现为以下几种情况：

1. 语言障碍

语言与交流障碍是重要症状，也是大多数儿童就诊的主要原因。语言与交流障碍可以表现为多种形式，多数孤独症儿童语言发育延迟或有障碍，通常在2～3岁时仍然不会说话，或者在2岁以前有表达性语言，但随着年龄增长而逐渐减少，他们对语言的感受和表达运用能力均存在某种程度的障碍。

2. 社会交往障碍

患者不能与他人建立正常的人际关系。年幼时表现出与别人无目光对视，表情贫乏，缺乏期待父母和他人拥抱、爱抚的表情或姿态，也无享受到爱抚时的愉快表情，甚至对父母和别人的拥抱、爱抚予以拒绝。分不清亲疏关系，对待亲人与对待其他人都是同样的态度。患者不能与父母建立正常的依恋关系，与同龄儿童之间难以建立正常的伙伴关系，例如，在幼儿园多独处，不喜欢与同伴一起玩耍，或看见一些儿童在一起兴致勃勃地做游戏时，没有去观看的兴趣或去参与的愿望。

3. 兴趣范围狭窄和刻板的行为模式

患者对于正常儿童所热衷的游戏、玩具都不感兴趣，而喜欢玩一些特殊的物品，如一个杯子，或观察旋转的物品等，并且可以持续很长时间而没有厌倦感。对玩具的主要特征不感兴趣，却十分关注其非主要特征。患者固执地要求保持日常活动程序不变，如上床睡觉的时间、所盖的被子都要保持不变，外出时要走相同的路线等。若这些活动被制止，患者会表示出明显的不愉快和焦虑情绪，甚至有反抗行为。患者有重复刻板动作，如反复摆放一些物品，反复做一些动作等。

4. 智能障碍

在自闭症儿童中，智力水平表现很不一致，少数患者在正常范围，大多数患者表现为不同程度的智力障碍。国内外对自闭症儿童进行智力测验的研究表明，50%左右的自闭症儿童为中度以上的智力缺陷（智商小于50），25%为轻度智力缺陷（智商为50～69），25%智力正常（智商大于70），智力正常的被称为高功能自闭症。

自闭症需要由专业的机构进行诊断，不属于心理咨询的范畴，需要介入治疗。

澄心建议

家长平常应对孩子的一些异常情况有所警觉，如有异常应及时去专业机构做鉴别诊断，不要想当然地认为是孩子小，长大就好了。如果确诊要遵医嘱，一些异常心理问题越早干预，越能减轻症状的加重，不会导致因为家长的不作为，使孩子社会功能受损严重。

虽然目前自闭症的干预方法很多，但是大多缺乏医学的根据，尚无最优治疗方案，个体化的治疗比较适合。其中，教育和训练是最有效、最主要的治疗方法，目标是促进患者语言发育，提高社会交往能力，掌握基本生活技能和学习技能。自闭症患者在学龄前因不能适应普通幼儿园生活，一般在家庭、特殊教育学校、医疗机构中接受教育和训练。学龄期以后，患者的语言能力和社交能力会有所提高，部分患者可以到普通小学与同龄儿童一起接受教育，还有部分患者可能仍然留在特殊教育学校。

目前国际上受主流医学推荐和使用的训练干预方法，为自闭症的规范化治疗提供了方向，这些主流方法主要有：

（1）应用行为分析疗法（ABA）。主张以行为主义原理和运用行为塑造原理，以正性强化为主，促进自闭症儿童各项能力发展。训练强调高强度、个体化、系统化。

（2）自闭症以及相关障碍儿童治疗教育课程（TEACCH）训练。该课程根据自闭症儿童能力和行为的特点设计个体化的训练内容，对患儿语言、交流以及感知觉运动等各方面所存在的缺陷有针对性地进行教育，核心是增进自闭症儿童对环境、教育和训练内容的理解和服从。

（3）人际关系训练法，包括 Greenspan 建立的地板时光疗法和 Gutstein 建立的人际关系发展干预（RDI）疗法。

上述治疗方法在国内一些自闭症康复机构已开展，获得了较好的治疗效果，但还需要进一步研究论证。

甜甜的烦恼

——上学适应问题浅析

父母希望孩子赢在起跑线上，在孩子没有到正常的入园年龄阶段，也没有做好充分入园准备的情况下，送孩子上幼儿园，引发了孩子比较严重的分离焦虑，产生了入园适应问题。建议家长不要拔苗助长，应根据孩子心理发育阶段对孩子做相应的教育。

成长的烦恼

甜甜，一个2岁半的小美妞，最近由于开始上托班经常哭闹，无奈之下，父母来寻求专业的帮助。爸爸、妈妈和小甜甜都坐进了咨询室，小甜甜对沙盘室很感兴趣，吵着闹着要进去玩里面的小玩具，于是咨询师把这次的访谈放在了沙盘室。在爸爸、妈妈的陪同下，小甜甜沉浸在玩玩具的过程中。这时候妈妈开始阐述她的苦恼："我们家的孩子很聪明，说话很早，对很多事情都充满了好奇心，爷爷、奶奶和我们住在一起陪同照顾孩子，就这一个孩子，我们真是十分用心啊。为了让她更好地适应幼儿园，我和她爸爸也不想让孩子输在起跑线上，于是把她送去托班，让她尽早适应上学的过程，同时更早地培养她的各种能力。但是让我们抓狂的是她根本不愿意去上托班，无论我们怎么做、老师怎么做，她是哭到嗓子哑了、呕吐了都不愿意待在那里，真是急死我们了。”爸爸听到这里也叹了声气，摇了摇头，但是小甜甜仍然在旁边开心地玩着沙具。

妈妈又诉说了一些孩子在幼儿园和家里互动的过程以及他们采取的一些措施，为了让孩子能够在托班待着，家长妥协，答应会比别的家长更早来接她，当然这个任务只能落在爷爷、奶奶身上了，爸爸、妈妈都上班，早出晚归，早上爸爸、妈妈送甜甜去上托班，下午爷爷、奶奶来接。可是自从上了托班，每天甜甜必做的事不是“哭”，就是“闹”，其他什么事都不做了，爸爸、妈妈把甜甜送到老师手里后，甜甜小宝贝就开始哭，进教室还是哭，给什么玩具都不玩，还要一个老师专门陪着她，老师抱着时会好一点，可以玩会儿玩具，吃点心和午餐却都不太顺利，但是快到家长来接她时，她就会莫名的开心，不愿在教室里，要到大厅等，坐等都很开心。最有趣的是，甜甜不认识时间，也没有老师特地告诉她，但她总会在家长快来时就心情好了。老师注意到，当甜甜在课堂上或活动期间，特别是人多一起做某件事时，她听不进老师或其他指挥者的话语，出现紧张、呆板的面目表情，并且频次增多，持续时间长。老师建议家长到心理咨询机构寻找帮助。

澄心分析 >>>>

甜甜的这种情况属于一种分离焦虑，其典型特点就是在与有亲密关系的人分离的时候会产生强烈的情感反应，包括哭闹、发呆等行为，并且久久不能平复。

这种分离焦虑主要出现在 3 岁左右的发育阶段，最主要的原因是在与亲人分离时有比较强烈的安全感的丧失、情感依恋的丧失，从而形成强烈的焦虑。

其形成的原因有：

1. 不适应陌生环境

幼儿来到了陌生的环境，存在许多方面的不适应，如生活规律和生活习惯的改变、人际关系的改变等。

2. 家长的过度照顾

平时在家里，如果父母或其他长辈对孩子过度照顾、溺爱，孩子则需要较长的托班适应期。

约翰·鲍尔比（John Bowlby）把婴儿的分离焦虑分为三个阶段：

（1）反抗阶段——号啕大哭，又踢又闹。

（2）失望阶段——仍然哭泣，断断续续，动作的吵闹减少，不理睬他人，表情迟钝。

（3）超脱阶段——接受外人的照料，开始正常的活动，如吃东西、玩玩具，但是看见母亲时又会出现悲伤的表情。

甜甜这种情况应该处于第二阶段。

澄心建议

1. 家园配合，加强托班幼儿入园的准备工作

幼儿园是幼儿第一次步入较正规的集体生活环境，对培养幼儿社会适应能力起决定性作用。师幼关系和班级气氛会对幼儿心理产生重大的影响，其中教师是关键。在孩子入园前，父母可有意识地多带孩子到幼儿园中，熟悉周围环境和教师，让他观察幼儿园里其他小朋友的游戏活动等，还可以放手让孩子玩，熟悉新的声音，使他们喜欢上幼儿园及幼儿园里的老师和小朋友。入园后，老师要主动、热情地接待新入园的孩子，抱一抱，亲一亲，摸一摸，问一问，叫一叫孩子的乳名，表示很喜欢他，让孩子感到温暖、安全。总之，教师要用一颗爱心去温暖孩子的心，在生活上关心照顾他们，在精神上支持帮助他们，使他们感到老师像妈妈一样可亲可爱。

北京师范大学陈帼眉教授指出：幼儿在家的生活习惯与作息制度以及幼儿独立的生活能力，也会影响幼儿产生分离焦虑。幼儿对父母的依

恋，在很大程度上是由于父母能满足他们生理上的需要，如吃、喝、拉、撒。所以在孩子入园前，家长应该给予孩子在生活技能上的指导，例如，要求他坐在桌子旁自己吃饭，不能在吃饭时随意走动等。指导孩子试着在大小便前后自己脱、提裤子，自己洗手，自己睡觉，认识自己的物品等。有意识地培养孩子的独立性，培养他们简单的生活自理能力，使孩子们觉得自己长大了，而不是一个样样都不会的“小宝宝”了。

此外，幼儿园要与家庭进行密切的联系，才能了解幼儿的个性和生活习惯，从而进行正确的指导。这就要求幼儿园重视家访，家访可以消除儿童对教师的陌生感，教师也可以了解儿童的个性特点和生活习惯，更便于以后因人施教。作为家长应主动配合幼儿园，改变幼儿家庭生活的随意性，制定与幼儿园相仿的作息时间，培养幼儿良好的生活卫生习惯，提高幼儿的人际交往技能，缩小家园生活的差异，使幼儿更适应幼儿园生活，缓解幼儿的分离焦虑。总之，妥善解决幼儿入园问题，不仅可以使小班幼儿迅速建立正常秩序，开展教育活动，而且也能使幼儿的生理和心理在新环境中稳定向前发展。

2. 针对幼儿的个性特点区别对待

每个幼儿的个性特点和所受的教育与环境各异，因此，他们的分离焦虑之表现也不相同，我们应该根据幼儿不同的特点对症下药，如暴躁型的孩子，采用冷处理的方法，他急的时候，老师可把他撇在一边，拿儿样玩具给他，待他平静下来之后再用亲切的语言在全班幼儿面前表扬他。又如对待被动型的孩子，重要的是让其有事干，老师要不停地给他新的刺激，让他参加不同的游戏活动，以保持他对环境的好奇心、新鲜感。

3. 设计丰富多彩的游戏活动并做正向强化

游戏是幼儿的天性，是最独特的、最基本的活动形式，有些心理学家把游戏称为幼儿的“主导活动”。我国著名的学前教育学家陈鹤琴先生也曾说过：“小孩子是生来好动的，是以游戏为生命的。”这是因为游戏在幼儿生活中确实具有极其重要的意义。它与机能的快感相联系，可缓解紧张状态，给孩子们带来莫大的快乐。开学初，教师可设计一些新颖有趣的游戏活动。这样能消除幼儿相互之间以及与教师之间的陌生感和恐惧感，缓解幼儿的分离焦虑，还可以使幼儿对新环境产生新鲜感，遇到在群体中有良好的行为表现和情绪状态的孩子时，要做正向强化，树立榜样示范。

如果孩子实在不适应托班，可以等到正常年龄时再去上幼儿园小班。

家长要改变“让孩子赢在起跑线上”的错误思想，所做的教育要符合幼儿心理发育情况，否则必然会形成拔苗助长的不良后果。

特别文静的小男孩

——如何应对孩子人际交往中的口吃现象？

一位幼儿园中班的孩子表现出口吃的现象，并伴有人际交往问题。其父母离异，母亲抚养孩子的过程中过分关注孩子的口吃现象，导致孩子口吃现象越来越严重。经分析发现，他属于行为强化的结果和过度焦虑导致的应激反应。应创造放松和谐的环境，扬长教育，不过分关注，让孩子进入放松的状态，有助于更好地缓解问题行为的发生频率。

成长的烦恼

五一长假第一天，咨询师刚打开门，正在打扫卫生，突然听见一阵口吃的声音，“妈……妈……，我……我……我……不想……想……去，想……想……去玩”，妈妈轻声说：“宝贝我们到了，你一会儿就可以去玩了。”

紧接着，一对母子进入咨询室。到接待室坐下，还没等咨询师把茶水倒好，妈妈就急切地说：“老师，我家孩子小天有口吃现象，还不愿意说话，这怎么办啊？总不能长大了还这样，这样上学都是问题，会被同学笑话，长大找对象都麻烦……”在妈妈说得口干舌燥喝水时，咨询师才找到机会和小天打招呼：“小朋友你好，我是咨询师，是你的大朋友，你可以告诉我你叫什么名字吗?”躲在妈妈后面的小天，这时才探出头来，看着咨询师，顿了顿，刚张开嘴，还没等孩子回答，小天妈妈就在旁边推着小天大声地说:“这孩子，怎么不回答，你告诉老师说我叫小天。”本来想说话的嘴巴，又闭上了。这时妈妈开始接着刚才自己的话题说下去:“这孩子就是这样，让他叫人也不叫，任何人问话也不答，特别是上幼儿园后，幼儿园老师经常和我说，小天上课和玩游戏时不积极参与，也不和其他小朋友一起玩，现在连坐小凳子，都要和别的小朋友离远一点，最让我担心的就是口吃了，哎……”

据了解，小天是幼儿园中班的孩子，家庭成员有妈妈、外婆、外公和他，爸爸在小天 1 岁时，和小天妈妈离了婚。在幼儿园里，其他小朋友们玩得都很开心，笑声不断，可是小天就是不笑，也不愿意和其他小朋友坐在一起，老师每次安排座位后，他总是要把小板凳拉开一点距离，在做游戏时，他也总是不愿意参与，要老师哄着拉过来一起玩。妈妈或外婆来接他回家的时候，小天就会躲在他们身后。家人带他出门，见到他没见过的人，妈妈让他打招呼，小天也总是躲在妈妈身后，不愿意说话。这个很安静的小男孩，当家长强烈要求他说话时，出现了口吃现象，起初家长认为孩子是因为胆小，慢慢会好，可是这种现象越来越严重，频率也越来越高，现在一说话就口吃，于是家长找到心理咨询中心，想了解怎么帮助孩子。

澄心分析 >>>>

咨询过程中，母亲表现出了高度的焦虑，以及对孩子负面的评价，母亲对孩子口吃的过度关注是孩子口吃变得更为严重的关键性要素之一。母亲在其他人面前讲孩子的缺点，也会让孩子变得更加自卑，引发人际关系回避，这种人际关系的回避本质上是孩子想保护自己内在脆弱的心灵，保护自己不再受其他人伤害的意愿。另一方面，随着时间的延续，母子之间对于口吃的关注，也会变成维持彼此关系的一种方式，这样会导致口吃现象难以消除并越来越严重。

口吃行为被母亲的刺激所强化，成了一种固定的反应模式，即单纯的刺激＋反应的模式，当环境中出现了类似的刺激，孩子都会以同一种反应来应对这种刺激，并且每次呈现都是一种强化。日常中不断强化使孩子将这种模式内化为自己的一种自动化反应，故而难以改变，需要打破这种模式，使刺激发生变化，那么反应就会相应出现动摇，出现变化，这就是斯金纳的操作性条件反射。

澄心建议

（1）监护人应减少过度关注。建议母亲减少对孩子口吃现象的关注，多关注孩子的优点，给予鼓励，平时不要当外人的面说孩子的缺点，最好能多夸夸孩子，增强孩子的自信心。当孩子和母亲都接纳口吃这种现象，不再把口吃现象当成一个重要问题时，他们彼此的焦虑就会减少。

（2）培养自己与孩子的兴趣爱好。监护人要培养发展自己的兴趣爱好，避免把所有的注意力都集中在孩子身上，有属于自己的空间，同时培养孩子的兴趣和特长，将生活变得丰富多彩，使孩子投入游戏和生活中。

（3）营造轻松的情绪环境。家长应通过扬长教育和丰富的生活尽量给家庭环境带来放松而和谐的生活氛围，使孩子进入平静而放松的情绪状态。

小闯的“班长”职务

——一个幼儿园孩子攻击性行为的案例

一位5岁孩子在幼儿园攻击其他小朋友，遭到同学、老师和家长一致反感，家长迫于无奈来寻求咨询帮助。经分析、排查，排除多动症，此现象属于孩子的行为规范问题，其背后的原因来源于家长对孩子的教育方式。建议家长要形成正确的教育观念，培养孩子的行为规范意识。

成长的烦恼

一天，咨询师正在咨询室写着咨询记录，突然一名小朋友开门跑了进来，边跑边喊：“打死你们这些坏蛋，嘟嘟嘟！”紧接着又传来了孩子妈妈的声音：“别乱跑，不敲门不能进去！老师对不起，我是昨天约了今天来做咨询的。小闯，快停下来，快停下来，要不我生气了。”这时孩子才稍微“安静”下来，但仍然不停地在一个椅子上爬上爬下。接待的咨询师指引家长和孩子来到接待室，妈妈按照咨询师的要求一边填表，一边和咨询师说着孩子的情况。孩子从进接待室开始就充满了探索欲，探索着每一件物品，即使妈妈和咨询师都招呼他来坐，他也不理。这时，咨询师拿出一件有趣的小沙具，孩子一下子迷上了，坐在妈妈旁边探究起来。于是妈妈继续说下去：“老师，小闯这孩子现在5岁，在幼儿园上大班，是我们全家的宝，捧在手里怕摔了，含在嘴里怕化了，没让他吃一点苦、受一点罪，想要什么，能买到的都给他买，就这样还去抢人家小孩的东西，刚开始我们没在意，现在越来越严重，幼儿园老师经常告诉我，小闯在课堂上真是没法待，老师只要一转身，他就在教室跑一圈，弄得班上的课堂气氛都乱了。下课了当一群小朋友在玩时，他总要过去指挥一通，有的小朋友不听他的，他就动手打别人，我们经常被其他家长投诉。教室里的桌子、椅子没有不被他爬过的。罚他站也不行，他自己也站不住。老师，我实在没办法了，哎！”

经过咨询了解到，小闯是独生子，全家的掌中宝，只要是他想要的东西家人都满足他，慢慢地，不是他的东西，只要他想要就去拿，但是家里大人只是把小闯当小孩子，想着等长大了就好了，也不教育。在小闯上幼儿园后，家长经常接到老师和其他家长的各种各样的反映，刚开始家长没放在心上，但反复多次后家长不得不重视起来。

最主要的是，孩子出现了攻击性行为，把小朋友推倒，抓小朋友的身体等，老师建议家长带孩子到精神卫生中心做鉴别诊断，经诊断，排除了孩子有多动症的情况，接着家长带小闯来到咨询中心寻求帮助。

在与家长访谈时了解到，小闯的父母脾气都不太好，特别是爸爸，脾气很暴躁，在特别焦急的情况下会有过激的行为，甚至对小闯也是如此，会不分青红皂白直接一巴掌打下来。

澄心分析 >>>>

小闯在幼儿园的行为说明他缺乏基本的规则和纪律意识，这方面和家长的教育是有关系的。对孩子过度溺爱，造成孩子以自我为中心，在人际关系中漠视他人的反应，缺乏基本的同理心，也缺乏与人交往的沟通技能。他用攻击性肢体行为表达他的想法和情绪，这是孩子心智化功能差的表现。

父母的脾气暴躁，对孩子的打骂教育会造成孩子对他人的攻击性行为，这种攻击性行为是从父母处习得的，这个时期的孩子的行为多有模仿的成分，可能来源于父母，可能来源于电视，也可能来源于有权威的他人。

此外，父母对孩子的教育两极化，要么溺爱，要么对孩子打骂，也会形成孩子情绪不稳定。

澄心建议

（1）父母要改变对孩子溺爱的教育方式，在生活中逐渐培养孩子的行为规范。不能用简单粗暴的教育方式回应孩子的反应，要学会倾听和尊重孩子的情绪和需要，用耐心和真诚让孩子意识到生活、学习甚至游戏都是有规则的。

（2）父母可以和孩子玩一些培养行为规范的游戏。

（3）父母教育孩子处理人际关系，应该用语言教育，可以身教示范，也可以用语言沟通。

（4）作为孩子父母的夫妻双方应多沟通、磨合，给孩子稳定的回应和一致的反馈，让孩子逐渐养成有条理、有规范的生活模式。

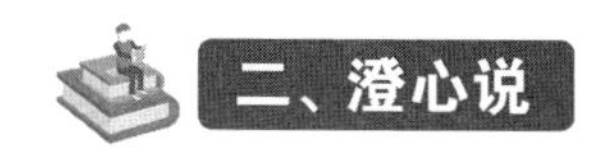

如何培养儿童的想象力？

什么是想象力？>>>>

想象力是人的形象思维能力，即头脑中创造出新形象的能力，是创造发明的基础。爱因斯坦说过："想象力比知识更重要，因为知识是有限的，而想象力概括着世界上的一切，推动着进步，并且是知识进化的源泉。"

想象力的发展 >>>>

幼儿在1～2岁时出现想象；2～3岁时想象力有所发展，但还处在初级阶段；3～6岁时想象力迅速发展；11～12岁时想象力处于持续的发展阶段。

如何有效培养幼儿的想象力？>>>>

1. 扩大幼儿视野，丰富幼儿感性知识和生活经验

想象是在表象的基础上产生的，也就是说，想象的内容是否新颖，想象发展的水平如何，取决于原有的记忆表象是否丰富以及感性知识和生活经验的多少。知识和经验的积累是幼儿想象力发展的基础。在实际工作中，多让孩子在大自然中去看、去听、去模仿、去观察，并通过参观、旅游等活动开阔幼儿的视野，积累丰富的生活经验，增加表象内容，为幼儿的想

象增加素材。

2. 充分利用文学艺术活动发展幼儿的想象力

通过语言，幼儿可得到间接知识，丰富想象的内容，幼儿能通过语言表达自己的想象。学习故事、诗歌等也可以丰富幼儿的想象，激发幼儿的联想。

美术活动会为幼儿的想象插上理想的翅膀。美术教学过程中教师要激发幼儿的灵感，鼓励幼儿大胆作画，让幼儿充分发挥自己的想象力。评价幼儿的美术作品，不能以“像不像”为标准，而应以幼儿想象力呈现为基础，鼓励幼儿画丰富多彩的图画。

音乐舞蹈活动也是培养幼儿想象力的重要手段。通过体验音乐舞蹈，幼儿可以运用想象力去表达情感。

3. 和孩子一起做想象力游戏

游戏可以促进幼儿发挥想象力。在游戏过程中，幼儿通过扮演各种角色、发展游戏情节，使想象力得到充分的发展。

4. 玩具在幼儿想象力培养中起着不可忽视的作用

玩具为幼儿的想象活动提供了物质基础，使想象处于积极状态。幼儿玩自己玩具的过程中，会充分投入，展开积极想象。

5. 让孩子们异想天开

给幼儿自由的空间，让孩子们异想天开。家长应启发孩子想象，而不是告诉孩子答案，歌德的妈妈很注重孩子的想象力培养，歌德小时候，妈妈给他讲述故事时，讲一段后总是停下来，让歌德自己去想象故事的发展。歌德的想象力就这样被培养了起来，最终他成为世界上著名的大作家。

如何培养幼儿的注意力？

什么是注意力？>>>>

注意力又称专注力，是指使心理活动朝向某一事物或方向，有选择地接收某些信息，而抑制其他活动信息，并集中全部心理能量用于所指向事物的一种稳定状态。

注意力的种类和意义？>>>>

注意包括被动注意（又称不随意注意）和主动注意（又称随意注意）。注意力是智力的五大基本因素之一，包括记忆力、观察力、想象力、思维力和注意力。由于注意，人们才能集中精力去清晰地感知事物，深入思考问题，而不被其他事物所干扰。没有注意这个心理过程，人们的各种能力因素，如观察、记忆、想象和思维将得不到一定的支持而失去控制。

因而，良好的主动注意会提高我们工作与学习的效率。注意力障碍，主要表现为无法将心理活动的全部精力集中到某一事物上来，同时无法抑制对无关事物的注意。造成这种情况的原因比较复杂。对于学生来说，主要是由于学习负担重、心理压力过大，从而导致精神高度紧张和焦虑，注意力无法集中。另外，睡眠不足，大脑得不到充分休息，也可能出现注意力涣散的情况。

如何提高幼儿的注意力？ >>>>

（1）树立精准的目标。给自己设定一个要自觉提高注意力的精准目标后，集中注意力的能力会有迅速的发展和变化。不论做任何事情，一旦进入，能够迅速地排除干扰，这是非常重要的。

（2）培养对集中注意力的兴趣。有了兴趣，就会给自己设置很多训练的科目，通过一个短期的自我训练，就能发现自己有了稳定的注意力集中的能力；同时要相信自己具备迅速提高集中注意力的潜力。

（3）善于排除干扰。毛泽东在年轻的时候为了训练自己注意力集中的能力，曾经定下这样一个训练科目，到城门洞里、车水马龙之处读书。为了什么？就是为了训练自己的抗干扰能力。有时，环境很安静，但是自己内心有一种波动，因此对各种各样的情绪活动，要善于将它们放下来。这时候可以将自己的身体坐端正，放松下来，将内心各种情绪的干扰随同身体的放松都放到一边。

（4）有效安排生活的日常。可以用游戏的形式训练掌握生活技能，也可以用游戏的形式来丰富生活。训练时要圆满地完成整个训练过程，体验生活时不强调结果，重视过程。

（5）环境清静。做一件事情之前，首先要清理环境，使自己迅速进入活动过程中，保持高效的投入状态。

（6）对感官进行专项训练。进行视觉、听觉、感知觉方面的训练，例如感觉统合训练等。

什么是俄狄浦斯情结?

什么是俄狄浦斯情结? >>>>

俄狄浦斯情结又称“恋母情结”，是精神分析学的术语。由精神分析学的创始人——西格蒙德·弗洛伊德（Sigmund Freud）提出，儿童基于对自己的性别认同，在性发展的过程中，开始向外界寻求性对象。对于幼儿，这个对象自然是双亲，男孩以母亲为选择对象，而女孩则常以父亲为选择对象。一方面是由于自身的“性本能”，同时也是由于母亲偏爱儿子和父亲偏爱女儿的倾向促成的。在此情形之下，男孩就对他的母亲产生了一种感情，视母亲为自己的所有物，而把父亲看成是竞争的对象，并想取代父亲在父母关系中的地位，即“恋母情结”。同理，女孩也对父亲产生一种感情，认为母亲侵占了她应有的地位。因此，同样也有“恋父情结”。

为什么会出现俄狄浦斯情结? >>>>

在 3 岁前的婴儿期，孩子主要是依恋母亲，此时的家庭关系基本上是二元世界。父亲虽然存在于孩子的生活中，但常是个背景。

3 岁以后，孩子意识到，家里除了妈妈，还有一个爸爸。妈妈不属于自己一个人，还属于另一个比自己更有力量、更权威的男人。这个时期，孩子对父亲有着复杂的感情，一方面，特别是男孩想独占母亲，想与父亲竞争，但又害怕争夺后受到惩罚，产生“阉割焦虑”；另一方面，孩子想成为父亲那样有力量、有本事的人，赢回妈妈全部的爱。由此，孩子产生内心的情感冲突。

俄狄浦斯期也是对同性别父母认同的关键期。孩子自然的心理发展过程应当是：男孩先恋母，然后向父亲学习以实现对父亲的认同，从而具备男性的性别意识；女孩先恋父，然后向母亲学习以完成对母亲的认同。此时，父亲这个角色在此过程中起着重要的作用。

俄狄浦斯期是母婴由依恋到相对分离的转化期，父母要正确对待这种现象。

科胡特认为，俄狄浦斯冲突不是人类的共同命运，当父母对待孩子的态度比较凶狠时，孩子才会有俄狄浦斯冲突。

如何帮助孩子顺利度过俄狄浦斯期？>>>>

（1）父亲的友善和亲近。父亲要多与孩子相处和玩耍，增进父子、父女之间的情感。

（2）不要嘲笑或讽刺孩子。父母要少给予孩子负面的反馈或评价，以避免孩子产生“我的行为不被父母接纳”的不良感受，引发内心冲突。

（3）让孩子明白自己的角色。父母要告诉孩子，爸爸、妈妈都是爱你的，妈妈是爸爸的妻子，爸爸是妈妈的丈夫，你是我们的孩子，父母是爱自己的孩子的。

什么是感觉统合？

什么是感觉统合？>>>>

感觉统合（Sensory Integration，简称 SI）是指人脑对个体从视、听、触、嗅、前庭等不同感觉通路输入的事物的个别属性进行筛选、解释、联系和整合的神经心理过程，是个体进行日常生活、学习和工作的基础。

感觉统合的详细介绍 >>>>

感觉统合术语是由 Shrttinhyot C. S 与 Lashley K. S 提出的。Ayres 根据对脑功能的研究成果，于 1972 年首先系统地提出了感觉统合理论（Sensory Integration Theory）。她认为感觉统合是指将人体器官各部分感觉信息整合起来，经大脑统合作用，完成对身体的内外感知并做出反应。只有经过感觉统合，神经系统的各个部分才能协调，个体与环境才能相适应。

一般人理解的感觉是指视觉、听觉、味觉及嗅觉，但实际上人类生存需要的最基本的感觉却是触觉、前庭觉及运动觉。触觉是指分布于全身皮肤上的神经细胞接受来自外界信息的感觉。前庭平衡觉是借助内耳的三对半规管及耳石（碳酸钙结晶体）来探测地心引力并控制头部在活动中的方位及保持身体的平衡。运动觉（又称深感觉）是来自身体内部的肌肉、关节的感觉，它是了解肢体的位置与运动的感觉。没有感觉统合，大脑和身体都不能发展。感觉统合学习的最佳关键期是 7 岁以前，因为在这期间，人类的大脑发展速度特别快。

大脑的学习有赖于身体感觉的输入，学习后的大脑则发挥其指挥身体及感官反应的能力。由于人类的神经体系非常复杂，所以需要统合，如果这一能力不足，会产生感觉统合失常的现象。这种大脑学习统合的过程在婴幼儿期几乎已经打下了80％的基础。

目前由于种种原因（都市化生活使活动空间减少，户外活动减少，独生子女缺乏参与群体生活等），婴幼儿期的感觉学习明显不足，尤其是触觉、前庭平衡觉及运动觉的学习。感觉统合不足造成的行为问题有：好动不安、注意力不集中、笨手笨脚、严重害羞等，Ayres提出的感觉统合治疗方法为这些儿童提供了矫治的机会，也解决了家长和老师的一些育儿烦恼。

感觉统合的训练有哪些？>>>>

感觉统合训练的关键是同时给予儿童前庭、肌肉、关节、皮肤触摸、视、听、嗅等多种刺激，并将这些刺激与运动相结合，让儿童出现灵活恰当的反应。

感觉统合训练包含心理、大脑和躯体三者之间的相互关系，而不只是一种生理上的功能训练，儿童在训练过程中获得熟练的感觉，同时增强自信心和自我控制的能力，并感觉到自己对躯体的控制，情绪会由原来的焦虑变为愉快。

感觉统合训练就是要用耐心培养孩子的兴趣，建立孩子的自信心，要让孩子在游戏中感到快乐，自动自发才有效。

感觉统合训练是人类最重要的几个感觉系统，可分为触觉、前庭平衡觉训练、运动感觉等项目的训练。常见的主要有以下几种：

（1）触觉训练：强化皮肤、大小肌肉关节的神经感应，辨识感觉的层次，调整大脑感觉神经的灵敏度。

训练器材有：按摩球、波波池、平衡触觉板。

适应症状：爱哭、胆小、情绪化、怕生、笨手笨脚、怕人触摸、发音模糊、偏食、挑食、注意力差、自闭、体弱多病等。

（2）前庭平衡觉训练：调整前庭及平衡神经系统自动反应机能，促进语言发展、神经健全、前庭平衡及视听能力完整。

训练器材：圆筒、平衡踩踏车、滑梯、平衡台、晃动独木桥、袋鼠袋、滑车。

适应症状：身体灵活度不足、姿势不正、双侧协调不佳、多动、爱惹人、语言发展迟缓、视觉广度不佳、阅读信息收集困难、自信心不足、注意力不集中、容易跌倒、方向感不强、学习能力以及习惯培养不起来。

（3）弹跳训练：强化前庭平衡感觉神经系统，强化触觉神经、关节信息，促进左右脑健全发展。

训练器材：羊角球、蹦床。

适应症状：站坐无相、情绪化、身体灵活度差、多动、注意力不集中、语言发展迟缓、阅读困难、胆小、视觉判断不良、关节信息不足。

（4）固有平衡训练：调整脊髓中枢神经核对地心引力的协调，强化中耳平衡体系，协调全身神经机能，奠定大脑发展的基础。

训练器材：独脚椅、大陀螺、脚步器、竖抱筒。

适应症状：多动、容易跌倒、情绪化、语言发展不佳、缺乏组织能力及推理能力、协调不良、手脚不灵活、自信心不足。

（5）本体感训练：强化固有平衡、触觉，大小肌肉双侧协调，灵活身体运动能力，健全左右脑均衡发展。

训练器材：蹦床、平衡木、晃动独木桥、滑板、S型垂直平衡木、S型水平平衡木、圆形平衡板等。

适应症状：语言发展缓慢、笨手笨脚、注意力不集中、多动不安、情绪化、组织力及创造力不足。

感觉统合的适用范围 >>>>

感觉统合训练作为儿童问题干预技术之一，仍然表现出领域的特异性，有其可为之处，亦有其不可为之处，所以应在更多方面评估儿童，用整合的方法来协助儿童解决自身问题。

什么是房树人测验？

什么是房树人测验？>>>>

房树人测验是一种心理投射测验，始于 John Buck 的“画树测验”，逐渐发展为“房树人”测验，这是一种非语言性心理测验，通过来访者画出来的画进行心理分析。因为画由心生，绘画中会自然表达出内心的潜意识内容。

房树人测验介绍>>>>

房树人测验时，主试会说：“请您在这张白纸上画一幅画，这幅画中有房子、树和人，您想怎样画就怎样画，没有时间的限制。”然后，让被测验人在房树人的主题下自由联想，进行画画。

被测验人在画画的过程中会把自己内在的心理投射在画中，如完美主义的人会对自己的画不满意，经常用橡皮擦；不自信的人总感到自己画得不好，经常问主试这样画是否可以。实际上这种画没有好坏之分。

所画的房子会投射出人的内心世界和对家庭与人际关系的感受，风雨飘摇的房子显示出画者内心的不安全感以及生活的某种状态。窗和门显示出画者与外界交流的状态，没有窗或没有门象征着自我封闭。树会投射出一个人的成长过程，我们常将人的成长比喻为树的成长，树根的暴露常显示出其内心的不安全感和情感滋养的缺失，树干纤细说明此人抗挫折或压力的情况会差些，树干粗壮则显示出一种自我的力量。如果树干上出现圆洞，常常反映出画者在成长过程中的创伤。树的枝叶茂盛显现出内心的健康，枯枝、枯叶显示出生命力的耗竭与抑郁的状态。

所画的人显示出自己的目前状态以及对自己的看法，所画的人非常高大说明常有自我夸大的倾向，画得很小说明画者存在一定程度的自卑；所画的人缺少手脚说明画者行动力缺乏，有些孩子不画人的耳朵，原因是妈妈太烦了，不想听妈妈的话。

当然，在画的过程中，画者还会添加许多其他的东西，如太阳、云朵、动物、河流、路等。房树人三样内容只是个主题，实际上整幅画却是画者自我创作的，云朵象征着心中有烦恼，房子上的烟囱冒出很多烟可能表示家庭的温暖，也可能表示家中有烦恼，因为烟囱是出气孔的象征。画者画的每种东西都有其象征意义，画者也许不懂得象征，却在潜意识中表现出来了。

画面的不同风格也体现出被测验人的不同心理：画的内容充满画面，形式多样，活动性强，往往画者有外向的性格特征；内向的人画面较小。线条连贯往往象征情绪稳定；线条短，且画面较乱常显示出情绪焦虑。不同的风格和位置也有相应的象征性含义。

房树人测验应用 >>>>

房树人测验主要应用于人格的测验，测验能够显示出被测验者多方面的性格特征以及内心世界，从而让被测验者更好地了解自己的内在心理状态及性格成因，是一种经常被使用的心理测验办法。

什么是沙盘游戏疗法?

什么是沙盘游戏疗法? >>>>

沙盘游戏疗法（Sandplay Therapy）是在咨询师的陪伴下，来访者从沙具架上自由挑选玩具，在盛有黄色细沙的特质箱子里进行自我表现和自我修通的一种心理疗法。

沙盘游戏疗法的理论基础 >>>>

荣格的分析心理学：（1）荣格的原型理论；（2）荣格的个性化理论；（3）荣格的心理动力学理论。

沙盘游戏疗法的应用 >>>>

（1）沙盘游戏可培养儿童的想象力、创造力，广泛应用于幼儿园、中小学和社区心理辅导室。

（2）沙盘游戏可以对多动症、自闭症、恐惧症、社交困惑、躯体化等心理障碍的儿童提供心理辅导。

（3）成人做沙盘游戏可以提高自信心，完善自我人格，提高人际交往技巧，有效地宣泄消极情绪，释放压力。

沙盘游戏疗法的操作过程 >>>>

沙盘游戏疗法的要素包括按特定比例制成的沙盘、水、沙具、装沙具的架子，以及游戏室的合理规划和具有共情心的咨询师。咨询师的作用在于营造一种自由安全的氛围和环境，以一种“欣赏”而不是“评判”的方式去面对来访者的作为。

1. 准备过程

（1）沙盘的选择。沙盘一般被放在低矮的桌子上或者架子上。常用的沙盘大小为长 0.7 米、宽 0.5 米、高 0.1 米。它的底部和边框被漆成蓝色，并且能防水，沙盘里装的黄沙大约是盒子高度的一半。外侧涂深颜色或木本色，内侧涂蓝色。一般沙盘游戏中至少要配两个沙盘，一个装干沙，一个装湿沙，供来访者自由选择。

（2）游戏室的布置。场景设置：游戏室最先具备的条件是“隐私”的设计，以易清理、安全为主。

玩具的合理配置：家庭与生活类玩具有布偶、奶瓶、锅碗、食物等；恐怖类玩具有橡胶、鲨鱼玩偶、蛇玩偶、蜘蛛玩偶、弹簧等；攻击类玩具有玩具刀、玩具枪、拳击袋等；创造性玩具有交通工具模型、医疗箱、皮包、纸巾等；避免摆放的玩具有尖锐物品、玻璃制品、容易打破的物品、昂贵的物品、需装电池的玩具。

2. 沙盘游戏治疗的过程

（1）创造沙盘世界。向来访者介绍沙游，创造一个安全的、受保护的和自由的空间，并使其形成一种积极的期待；向来访者介绍沙盘、物件和沙游过程，咨询师要处在一个令来访者觉得舒适的位置，让来访者创造沙世界，并请他在完成后通知咨询师。

（2）体验和重建沙盘世界。体验：鼓励来访者充分地体验自己制作的沙世界。当来访者反思场景时，咨询师需静静地坐着，这是加深体验的时刻。重建：告知来访者可以将沙的世界保留原状或是做些改变，留出时间给来访者去体验改变后的沙世界。

（3）治疗。向来访者表达需要他再次浏览他的沙世界，注意来访者的语言和非语言线索。不要碰触到沙盘，鼓励来访者停留在被激发的情绪中。

治疗性干预：询问来访者关于沙世界的一些问题，只反映来访者涉及的事情，把焦点放在沙盘中的沙具上，选择使用治疗性干预方法，例如认知行为疗法、完形技术、心理剧、心像法、回归法、认知重塑、艺术治疗和身体觉察，沙世界中更多的改变常常就会出现。

（4）记录沙盘世界。征得来访者的同意后为他的沙世界拍照，以备将来参考，并做好咨询记录。

（5）连接沙游体验和现实世界。询问来访者沙盘中的内容和他的生活有什么联系，帮助来访者了解沙世界的意义，鼓励来访者留意沙盘中的问题是如何在他的日常生活中呈现的。

（6）拆除沙世界。在来访者离开咨询室之后仔细地拆除沙世界，回想来访者的沙游过程，把沙具放回到架子上的适当位置，完成咨询记录。

孩子在创造沙世界的过程中或在结束时通常会讲故事，如果孩子没有讲，咨询师可以请孩子讲讲他摆了什么，想要表达什么感受。这些描述会表达出孩子的情感以及沙具的象征意义。咨询师要做的就是认真倾听，无条件地接纳。

3. 咨询师需要具备的条件

（1）咨询师需要具备象征语言的知识。

（2）咨询师需要营造一个自由和安全的氛围。仅仅当好一个观察者是不够的，还应该尝试做一个参与者和感受体验者。

青青小学

童年期是指孩子7～12岁的发展时期，属于小学阶段，是为一生的学习活动奠定基础知识和学习能力的时期，是心理发展的一个重要阶段。童年期思维的基本特征在于，逻辑思维迅速发展，在发展过程中完成从具体形象思维向抽象逻辑思维的过渡。这种过渡要经历一个演变过程，从而构成童年期儿童思维发展的基本特点。

“妈妈，我也不想这样，可我做不到”

——对感觉统合失调儿童的有效干预

小 A 出现了因为感觉统合失调导致的一系列生活和学习问题，给家长和学校都带来了很多烦恼。咨询师通过有针对性的感觉统合训练、生活技能和学习习惯的培养，使他适应了生活和学习。

成长的烦恼

一天，一位母亲带着一个 10 岁的男孩小 A 来到了咨询室，妈妈描述小 A 的情况：孩子胆小，挑食，爱吃油炸食品；脾气暴躁，倔强，任性，交流能力差，一旦没能满足其要求，他就会摔东西，大吼大叫；易冲动，情绪不稳定；难以完成精细动作，不太会穿衣服、扣纽扣、系鞋带；经常听不进或听不懂大人说的话。同时妈妈也说到学校老师的反映：孩子很聪明，但学习成绩不理想；上课不专心，坐不住，会左看右看，方位感差，分不清前后左右、你我他；做事磨蹭，写作业拖拉，写字无法在框内；语言表达颠三倒四，阅读会跳字、漏字、错读，抄写常颠倒、漏字、漏行；做操动作不协调，奔跑、跳跃等动作完成困难，易摔跤磕碰。听完妈妈的诉说，咨询师也深深体会到了母亲的烦恼，为了更好地判断孩子的情况，咨询师对小 A 进行了感知觉统合能力测评，初步评定小 A 为前庭失衡中度偏重，本体感失调中度。

咨询师与小 A 进行交流，小 A 说：“我非常想认真学习，但是作业、考试常常会出错，我也觉得很莫名其妙。做操的时候动作不协调，做操、跳绳比不过别的同学，常常被同学嘲笑，我很伤心。妈妈常常说我不好，我感到很烦躁。”

澄心分析 >>>>

感统全称感觉统合，感觉统合是大脑的功能，感觉统合失调即为大脑功能失调的一种，也可称为学习能力障碍。1972 年，美国南加州大学临床心理学专家爱尔丝博士（Ayresa. J）创导了感觉统合，即“感统”理论。

造成小 A 感统失调的原因主要是：出生后，家长没让孩子经过爬行阶段就直接学习走路，小 A 产生了前庭平衡失调；婴幼儿期大人对他过度保护，事事包办，导致小 A 接收的信息不全面。

从严格意义上讲，感觉统合失调并不属于疾病的范畴，而只是轻微的大脑生理化障碍，但是因为会对孩子的专注力、学习力、身体协调力、情绪控制力、人际交往能力等各项能力的发展带来阻碍，如果不能及时通过有效、有针对性的感觉统合训练，帮他们改善状态，孩子在日后的生活、学习过程中会遇到非常多的困扰。

澄心建议

由于小 A 之前曾经进行过两年的沙盘游戏治疗，在情绪管理和人际沟通方面有了明显的改善，所以咨询师利用小 A 的校外时间，每天 30 分钟左右，断续进行 3 个月，从以下几个方面进行干预。

1. 对头部和足部进行按摩刺激

中医认为，前庭感觉统合失调，会导致其听力不敏感，视听不同步；

内耳的半规管和前庭出现问题，则会导致平衡觉出现问题，使时间知觉、方位知觉、运动知觉、深度知觉、距离知觉及其相互配合的能力很差。通过用食指或者木梳对其头部进行按摩梳理可以起到很好的作用。头顶上的百会穴是诸阳之汇，人体的督脉、膀胱经、肝经都在这里交会，所有的阳气都聚集在此。按摩后，头部血液循环，可以促进孩子脑和神经系统的发育。进行按摩10分钟后小A会有头脑清醒、精力恢复的感觉。

利用学校的鹅卵石甬道让小A穿着袜子走200～300步。足底是人体的第二个心脏，通过反复刺激能够全身放松，思维、行为保持一致。结果证明，此项训练不仅调节和改善了孩子的触觉系统，同时对孩子睡眠以及缓解紧张情绪均有良好效果。

2. 安排孩子喜欢的感统训练游戏

由于场地和器械有限，咨询师采取了几种易练有效的游戏。

（1）左右手交替拍球

在地上标记一点，孩子站在标记点前，连续双手交替拍球，呈V字形，每组50次，每天2次。

（2）金鸡独立

孩子在训练前先原地转三圈，站稳后开始单腿站立，双手平伸掌握平衡，看自己能坚持多长时间，然后换脚进行训练。先易后难，比如，在前面动作做好后，在头上顶个沙包保持沙包不掉。

（3）托球走

用一个乒乓球拍或者一块硬纸板剪成球拍状，手拿纸板托着一个乒乓球走直线，保持稳定，集中注意力，保持球不掉落，训练5米往返为一次，每天走5次为宜。

（4）打气排球

这是孩子最喜欢的训练项目之一，事先讲好规则：不越线，发球只可高抛不可扣球，在打球和运球时均需单手，寻找时机向对方界内扣球，球着落对方地面为赢。此项训练不仅需要观察对方球的来路，还要及时反应，尽力救球不让对方球落在自己界内。这是一项需要灵活反应的综合性训练。落地 6 个球为一次比赛，交换场地再来一次。此为一天的运动量。

3. 分层分类间隔作业

按时独立完成作业是小 A 在学习上面临的一大难题，为了提高做作业效率，可从容易的花时相对短的科目入手，完成后进行游戏活动，采用奖惩机制。过一阶段后再尝试从难到易，体验良性操作的轻松感。

4. 改正一些不良习惯

小 A 有咬指甲的习惯，这和他的焦虑情绪有关。做作业时用橡皮擦的频率高，说明他动作偏刻板，做事的专注力不足。对于这些表现，采用行为消退法，即对此不予关注、不予理睬，在和他进行愉快交谈时，趁他未注意，悄悄移开他的手指，或者暗示他试试一次能写对多少字等。经过尝试，小 A 也惊喜地发现自己有进步。

经过家长、老师和小 A 本人的努力，小 A 的学习状态进入了良性模式，作业基本能按时完成，语言交流渐显通畅，自信心提高，到学期期末考试，三门主课均达到优秀级别。

在陪伴的过程中，由于小 A 出现执拗、固执、放弃等行为，咨询师察觉到后尽可能地接纳、包容他，感受他的感受，以他愿意接受、感到乐意为主。温柔地陪伴、坚持，循序渐进，这样才能取得事半功倍的效果。

情绪变奏曲

——小学生情绪失控调整的案例

五年级男生小牧，头脑聪明且个性张扬。由于从一年级到四年级一直做班长，他养成了小霸王的习气，在同学面前唯我独尊、气焰嚣张。有时脾气一上来，甚至不把老师放在眼里。老师对他进行了有针对性的心理疏导——合理情绪疗法：对积累在孩子心理上的污垢冲洗了一下，纠正了其不当的想法，用以增强他为人处世的道德感和责任感。

成长的烦恼

开学第一周，语文老师正在面批抄写本，小牧走上前，猛地把后进生小冬从老师身旁挤开，不由分说地站在语文老师身边。语文老师见状，停下笔问他："你为什么挤小冬呢？他的作业本我还没批好。"小牧二话不说，举起右手，狠狠地把自己的抄写本摔在讲台上，扬长而去。语文老师不理他，继续批作业。"啪"的一声，一只黑色的笔袋被重重地扔到讲台边。"是谁扔的笔袋？"语文老师扫视全班，全班一片寂静，接着看到小牧歪着脖子，板着的脸拉得长长的，还瞪着一双白眼，斜斜地看着别处，语文老师立刻明白了："小牧，你先去办公室吧，我批好作业再找你谈谈。"小牧歪着脑袋说道："去就去，有什么了不起的！"

进了办公室，老师与小牧沟通起来："小牧，你是个直率的人，但老师不让你插队，你就扔小冬的笔袋，你这不是是非不分吗?"小牧态度强硬地说："我就是是非不分!"

老师说："你把笔袋扔地上，是冲着老师来的吧。如果你是小冬，笔袋无缘无故被别人扔了，你会怎么想?"小牧歪着脑袋，流着眼泪说："不想!"

老师看了看小牧温柔地说道："我看你现在手里就像拿着一瓶 502 胶水，把老师从你身上剥下来的坏习惯、小缺点统统捡起来了，牢牢地粘在身上了。请问，你这样做对吗?"小牧哭着说："不对!"老师询问道："那你觉得怎么做才对呢?"小牧对着老师说道："对不起!"

老师对小牧说："你摔的是小冬的笔袋，那你也应该向小冬道歉。"说完，把小冬也叫来了办公室。看见小冬进来，小牧态度生硬，语气蛮横地说了句："对不起!"看到小牧蛮横的态度，小冬怯怯地说了声："对不起。"老师疑惑地看了看小冬："小冬，你说什么?"小冬大声地说道："老师，我说错了，应该说没关系!"

老师点了点头说："其实父母、老师，目标都是一致的，希望你们的身心健康发展，学习持续进步。如今，小牧，你一直拽着坏习惯、小缺点不放，你觉得有意思吗?"听了老师的话，小牧用服软的语气说："没意思。"

老师又说："今天这样的行为，你在同学、老师面前这样的做法，显得任性而无理，影响班级同学的友好关系，今天给你一个小小的惩戒，班长暂时由他人担任，保留你做副班长，什么时候你进步了，班长再由你来做。"

澄心分析 >>>>

合理情绪疗法是美国著名心理学家艾利斯于 20 世纪 50 年代首创的一种心理疗法。摔笔袋事件表面看来是由诱发事件引起的——插队批作业而不得，引起了小牧摔同学笔袋、冲撞老师的不良行为，深入分析一下，其实是小牧内心中"我是班长，老师必须要重视我"的想法在作怪。小牧是个“可怜”的孩子，他无法控制自己的不良情绪。小牧扔笔袋后，语文老师仍然镇定地批改作业，其实是给小牧调整情绪的时间和空间。小牧脾气火爆，但老师还得寻找他的闪光点，说他“直率”，这些都是小牧出乎意料的。孩子对人对事幼稚天真的想法不是一天形成的，心理上的成长更须扬长避短、去伪存真才能克敌制胜。发现并肯定其优点是起点，也是分岔点。教育特别需要出其不意，当孩子已经意识到你会对他怎么样时，已经失败一半。“痛并快乐着”，要消除原来的不良行为习惯，总会伴随着建立新的行为习惯的痛楚。就像一棵小树，为了保证主干的挺拔粗壮，在成长为大树的过程中，需要为其修枝剪叶，老师也应该是这样的园丁。

澄心建议

家长反馈：

（1）了解情况。回忆孩子脾气暴躁的起始时间。大概两年前，家庭小工厂活多，父母忙工作，孩子在家没人管，于是熬夜玩电脑。此外，孩子的一个小伙伴急病离世，对他产生很大影响，导致他一直情绪低落。

（2）方法指导。在家时，父母可以为孩子准备一条木质板凳、一把榔头、一些铁钉、一把老虎钳或起子。每生气一次就在凳子上钉一颗钉子，再生气一次就拔掉一颗钉子。妈妈可以告诉孩子，这些孔就是乱发脾气给别人留下的伤疤。

老师感悟：

（1）帮助孩子改变认知。“把笔袋摔地上就是是非不分。”“手里就像拿着502胶水，把老师从你身上剥下来的坏习惯、小缺点统统捡起来，牢牢地粘在身上。”老师话语里的这些比喻浅显且恰到好处，形象地指出了问题，也给孩子留有余地，让小牧意识到这样死死地护着自己的不足，不惜冲撞老师、欺负同学，是损人不利己的。他实实在在地感受到乱发脾气就要承担后果——被暂时撤去班长职务，担任副班长。

（2）宽容孩子的不良行为。让孩子克服以往的任性与骄横习气，逐步树立他的责任感和规则意识。

面对学生的不良情绪，先要及时了解背后的缘由，纠正他对周围事物不合理的想法、看法，疏通并改善他们不适当的情绪和行为，还要帮助孩子掌握一些切实可行的方法，以促进他们的身心健康发展。

总是逃学的孩子

——家庭离异引起的孩子不适应问题分析

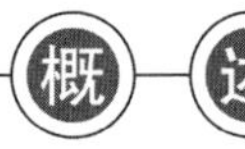

依依，一年级女生，因为总是逃学，被父母带到澄心⁺寻求帮助。咨询后发现，家庭中的冲突和矛盾让依依觉得自己被抛弃而感到无助，于是有了逃学的行为。咨询师建议爸爸多关爱和陪伴孩子。

成长的烦恼

依依是一名小学一年级的女生，最近，她三番五次地逃学，对老师和家长的批评教育无动于衷，万般无奈下，依依的父母前来寻求帮助。

第一次见到依依，看到她的乖巧与礼貌，很难想象她会三番五次地逃出课堂。通过沙盘和房树人的绘画，咨询师发现，依依虽然表面上看起来很坚强，一副无所畏惧的样子，内心却很脆弱，缺乏安全感。在依依的画中，房子和树都有一种风雨飘摇的感觉，非常不坚固。

依依有一个上高中的哥哥。在她上幼儿园的时候，妈妈在家照看她，而爸爸常年在外奔波，不在依依身边。前段时间，一家人好不容易聚到一起，但依依的爸爸却有了外遇，夫妻关系陷入了僵局，正在讨论离婚的相关事宜，就是在这段时间里，依依有了逃学的迹象。

咨询师向依依的爸爸解释了依依逃学的原因，听了咨询师的解释，依依的爸爸露出了惭愧的表情："原来是这样，我们竟然一直没有发现。可是接下来应该怎么办呢？"

"想让依依不再逃学，最主要的就是让她得到您和依依妈妈的关爱。在接下来的时间里，我建议你们，特别是爸爸，多多关心依依，和她一起玩耍、学习。"

"好的，好的。"依依的父母连连点头，脸上凝重的表情也在慢慢消退。

一个半月之后，依依的父母告诉我，他们准备好好经营自己的家庭，关爱、陪伴孩子。此后，依依再也没有发生逃学的事情了。

也许我们会觉得神奇，依依到底做了什么，让一个即将解散的家庭重新复合了？其实，这正是依依出现症状的原因，她的一切行为的目的就是想把父亲拉回这个家庭。最终依依的努力得到了回报。

澄心分析 >>>>

结合之前对依依的观察以及这次家庭访谈中了解到的情况，咨询师得出了自己的判断：依依不是因为厌学而逃学，导致她逃学的，是最近家庭里的紧张气氛。许多家长都和依依的父母一样，认为孩子不想上学是因为讨厌学习、贪玩。其实，很多时候孩子所谓的"厌学""逃学"只是他们不能顺利度过成长期而发出的一个信号。正如依依的这些症状，其背后反映了家庭中父母的冲突和依依的不安全感。

根据精神分析大师弗洛伊德的心理发展理论，在儿童 3～6 岁的阶段中，特别需要异性父母的认同。而依依小的时候，父亲不在身边，这段时期的依依没能得到来自父亲的支持。小孩子对父母是有着浓浓的依恋情意的，在她的心里，一直渴望着父亲的陪伴，只是没想到，一家人终于团圆的时候，爸爸却爱上了别的女人，甚至要离开这个家庭。在这样的情况下，依依无疑是缺乏安全感的，是无助的。这也能解释为什么在依依的画中，一切都那么飘摇不稳。

再说到依依逃学的现象。依依的内心是渴望爸爸回到家庭的，对父母的离婚充满了抵触。在无意识中，依依觉得自己被抛弃了，因此感到特别无助。由于孩子还小，心理发展处于稚嫩期，不能及时清晰地察觉到自己的这种感受。当依依的内心无法承受这些事实的时候，情绪难以控制，逃学的行为就成为外在表现，她想通过逃学让父母生气、担心，想让父亲把注意力和关爱重新放在自己和家庭上。而依依的哥哥已经顺利地度过了这个心理发展阶段，家里的这些事情在他的承受能力范围之内，所以，她的哥哥可以正常学习，理性面对父母的事情。

依依的逃学不是因为厌学，而是一个信号，她真正的需求是爸爸的关爱和陪伴，想让爸爸把注意力放在自己和家庭上。依依想要父母陪伴的需求没有被满足，只能通过逃学的方式让父母注意到她，为她担心。老师打电话来告诉家长依依没去上课的时候，父母会急急忙忙地去找她，让依依感受到了父母对她的关注。

澄心建议

（1）夫妻关系对孩子的影响是巨大的，在不能坦诚交流的情况下，孩子会用自己的方式来表达对于父母婚姻状态的不满情绪。像父母离异这种情况，可以用适合的方式与孩子进行交流，让孩子有一个接纳和适应的过程。

（2）应让孩子感到父母都是爱自己的，同时让孩子理解父母的问题与孩子无关，父母自己的问题并不影响父母双方对孩子的关爱。

（3）可以用绘本、角色扮演、过家家的形式让孩子表达他对父母的感受和看法，从而让孩子更加理解和适应父母关系的变化。

压岁钱引起的风波

——如何应对小学生攀比心理的案例

一名小学生因为压岁钱和妈妈发生了争执，影响了他们的亲子关系，影响了孩子的自我效能感。通过咨询发现，起因是小学生常见的攀比心理在作怪。建议引导其从物质攀比转换为内在能力的提升，并对孩子进行金钱的管理技巧培训。

成长的烦恼

贝贝因为压岁钱的问题与妈妈发生了矛盾，经常对妈妈发脾气，和妈妈对着干，妈妈无奈之下来寻求咨询师的帮助。

“老师，您看看这孩子没法管了，新学期开学后她特别不听话，和我对着干，还老发脾气。”贝贝妈妈一进门就急着诉说着自己的情况。

“您好，请问新学期开学后您与贝贝有发生过什么不愉快的事情吗?”咨询师先向贝贝母亲了解具体情况。

一聊到不愉快的事情，贝贝妈像是打开了话匣子：“春节的时候我给亲朋好友发了近 5000 元的红包，贝贝今年 11 岁，也收到了不少的红包，大概 8000 元左右，也不是个小数目了，我想让她把钱交给我保管，这孩子死活不同意，真是气死我了！我之前也给过贝贝一些零花钱，不过她总会乱花钱，现在一下子给她这么多钱，肯定会出事的。我们亲戚家孩子的压岁钱都是交给父母的，就她不肯交。我们替她保管钱也是帮她交学费和课外辅导费啊。”看到妈妈焦虑的情绪，咨询师决定与贝贝进行一些沟通。刚见到贝贝的时候，她看起来还是很乖巧的，外向开朗，沟通起来很顺利。

原来贝贝在学校看到班级里很多同学都用压岁钱买了手机、PSP、笔袋和文具等自己喜欢的物品，贝贝表示：“这个钱本来就是给我的，我也想买一些我喜欢的东西，为什么要上交给妈妈？我现在已经不是小孩子了，小时候还不知道妈妈他们私吞了我多少钱，我现在长大了，可以自己安排了，这些钱应该由我自己保管。”贝贝在家有时候争论不过妈妈，只能在平时生活中和妈妈对着干，不听妈妈的话，以此来表达心中的不满。

对于像贝贝这样的小学高年级阶段的孩子，不要一味强迫其上交压岁钱，可以适当给予小部分，让其自己保管。一是在生活的细节上引导贝贝，家长自己首先要做好，让贝贝形成正确的价值观和消费观。生活中适当给予贝贝关怀，告诉贝贝压岁钱可以用来买文具、书籍等，但是不能乱花，培养贝贝的独立生活能力。二是弱化贝贝对物质水平的攀比，把外在的攀比引向内在攀比，引导贝贝和同学比理想、比道德，通过这样的攀比增进同学间的了解，促进自我反思，让贝贝不断超越自我，变害为益。在以后遇到长辈发压岁钱时，应该告知贝贝压岁钱不在于多少，这是长辈对孩子的关爱和祝福，不能将它作为攀比的工具。

听了咨询师的建议，贝贝妈妈决定回家后让贝贝尝试自己保管一部分压岁钱。两个月后贝贝妈妈打电话告诉咨询师，贝贝已经学会了自己管理小金库，母女之间的关系也比以前缓和许多，贝贝不再顶撞母亲，与母亲对着干了。

其实，压岁钱是一个促进孩子成长的媒介，使用和管理好压岁钱，能促进亲子沟通和教育，增进家庭和谐关系，真是一举多得呢！

澄心分析 >>>>

压岁钱是中华民族的传统文化之一，其寓意辟邪驱鬼，保佑平安。人们认为小孩容易受鬼祟的侵害，因为“岁”与“祟”谐音，所以长辈要将事先准备好的压岁钱放入红包交给晚辈，压祟驱邪，帮助小孩平安过年，祝愿小孩在新的一年健康吉利、平平安安。

随着时代的改变和生活水平的提高，压岁钱的数额也越来越多，但其感情成分、感恩意识和祝福意味却逐渐淡化，有很多像贝贝一样的孩子受到物质化社会不良风气的影响，将压岁钱当作一种相互攀比的工具。

面对这种情况，家长可以根据不同年龄的孩子制订不同的理财计划。

这个时期孩子在接触周围环境时，会渐渐出现一些攀比心理，其攀比种类主要有：(1) 比物质水平，如比穿着、学习用品、零花钱；(2) 比家庭条件；(3) 比外表；(4) 比荣誉，如在班级里的地位、学习成绩、为班级做的贡献等；(5) 比能力，如比自身的特长。由于贝贝正处在自我意识初步形成的阶段，常常会受到周围环境的影响，在随大流的情况下与同学攀比。和别人的短处相比，获得自我满足感，会使孩子沉溺于物质的享受和心理的虚荣中，从而不思进取。

形成攀比的原因有三点：一是家庭因素。家长对孩子过度的溺爱，只要孩子有需求，都会无条件满足，不让孩子受一点委屈，使孩子养成了任性、刁蛮、贪图享受、不思进取的坏习惯，这种放纵无形之中助长了孩子不良攀比的行为。除此之外，家长如果经常在生活中与他人进行攀比，也会渗透到孩子的观念中。二是孩子自身因素。这个时期的孩子争强好胜，表现欲强，希望能引起别人的注意，但是由于年龄较小，自我认识的能力不够，特别是一些学习成绩不佳的孩子，缺乏自信，只有在物质方面比过别人，才能找回自信心。三是周围环境因素。学校的风气直接影响到学生的心理发展。在一个校风、班风不好的环境里，周围同学都在攀比的情况下，孩子也很难独善其身。

澄心建议

面对这样的状况，家长需要以身作则，自己作为榜样引导孩子，培养孩子正确的人生观、价值观、行为准则。在要求孩子不攀比时，首先自己先做到。孩子在成长过程中与父母的相处时间是最长的，父母的言行举止会让孩子跟着模仿，如果父母比较重视物质享受，孩子也会养成贪图享受的习惯；如果家长比较注意自身的素养，孩子也会更注重内在发展。

家庭、学校都是外部因素，解决攀比现象的根本还是取决于孩子自身的素质。一个学生如果不喜欢攀比，那么他就会主动回避这一行为；如果是喜欢攀比的，就会带动周围同学攀比。家长应该给予孩子适度的关怀，培养孩子独立生活的能力以及良好的品行。生活中可以引导孩子和别人的长处比，比理想、比道德，在这样的攀比中，孩子们不断超越自我，自身得以发展。因此，小学生攀比心理既需要引导与批判，也需要鼓励，应将攀比的行为引到积极向上的方面。

总是回不了家的爸爸

——亲人离世如何告诉孩子的案例

一位小学一年级的小女孩，父亲因车祸去世，母亲对其隐瞒，导致孩子出现了明显的情绪问题以及学习生活不适应的情况。经过哀伤辅导后，孩子适应了环境，回归了正常的学习生活。建议在亲人离世后应寻找适当的机会让孩子知道并有效地引导接纳事实，才能有助于孩子的心理健康发展。

成长的烦恼

咨询师接到来访者 C 女士的求助电话，有些语无伦次的她在电话中慢慢道出了事情的经过：

她的丈夫在一个月前遭遇车祸意外去世了，而女儿刚刚读小学一年级，她一时不知所措，不知道该如何向孩子解释爸爸去世的事实，就索性选择欺骗孩子，不告诉她，葬礼也不让她参加。孩子多次问爸爸在哪里，母亲都是以各种理由搪塞过去，比如爸爸出差了、出去旅游了等。一开始还能瞒过去，但是慢慢地孩子越来越不相信了，好像察觉出了什么，感觉快要瞒不住了，孩子在家里开始无理取闹，一定要和爸爸通电话，要求不能满足还会摔东西。C 女士一边承受着巨大的痛苦，挑起家庭的重担，一边还要想方设法地瞒着孩子，压力巨大，非常焦虑迷茫，想要寻求帮助。

面谈时，这位妈妈说："我真的不知道该怎么办了，每天装作什么事都没有发生，接送女儿上下学，女儿每次跟我说：'爸爸什么时候回来呀？我好想他呀！''给爸爸打个电话吧，爸爸还不能接电话吗？''妈妈，爸爸是不是不要我了，他是不是不喜欢我了？'我真的不知道怎么回答她。"

"她这么小，我如果告诉她真相，她能接受吗？没有爸爸会不会对她的成长有很大的影响？我应该告诉她吗？怎样才能把这件事情的影响降到最低？她现在已经没有爸爸了，我不能让她再受到伤害了，我应该怎么做？"说到这里，C女士再次泣不成声。

一方面，事情来得太突然，她自己感情上一时难以接受，也完全不知道该如何应对；另一方面，女儿刚上小学，年龄还小，心智尚未健全，人格尚未完全定型，对亲人去世的理解与成人不同，如果解释不当，就可能给孩子的心灵造成创伤，甚至会影响孩子未来的健康成长。

澄心分析 >>>>

像C女士这样向孩子隐瞒亲人去世的做法可能是大部分家长都会做出的选择。当噩耗传来时，成人在震惊、悲伤中，本能地希望孩子免受痛苦的煎熬。其实否认事实并不能驱走痛苦，真相也不可能永远被掩盖。就像这个案例，孩子的敏感能使他们很快从家长言行的微妙变化中得知实情，这样孩子不仅将承受亲人去世的痛苦，还会感到被所信赖的人欺骗的愤怒。失去对家长的信任而产生的不安全感对孩子走出哀伤更为不利。对未知的恐惧远远比对具体的恐惧程度更严重，因为未知是无底深渊，而事实即便让人沉痛，毕竟是有底的。当然，处理的过程还需小心，孩子会经历否认、闹情绪、讨价还价的过程，最后才能接纳，并且会带着伤痛恢复正常的学习和生活，继续前行。

不要对孩子说死去的亲人出远门了，这样孩子会一直期盼他回来，一再失望后会觉得被遗弃了而感到愤怒和伤心；也不要对孩子说死去的亲人是睡着了，有的孩子会因此害怕睡觉；如果你不相信天堂，就不要告诉孩子死去的亲人在天堂里过着快乐的生活，孩子能感觉出你想的以及你表达出的哀伤情感和你描述的天堂的美好不一致，会感到更困惑。

但是，爸爸已经不在了，这样一个事实是无法长时间对孩子隐瞒的。作为家庭重要一员，孩子有权知道家中的一切重要事务及变故，包括父亲去世的事实。告诉孩子事情的真相，更有利于平复孩子的情绪，让孩子尽快告别悲伤。

根据专业的建议，C 女士回去向女儿解释了爸爸去世的真相。孩子内心的困惑和疑虑被解开，在大人的引导下表达出了内心的负面情绪，哭了好多天，不能去上学，也不太想吃饭，后来是沉默、发呆，再往后开始和母亲说话，哭泣，拥抱，也逐渐理解了死亡的含义。母女俩现在已经恢复了从前的生活，女儿的理解和坚强给了妈妈鼓励。

澄心建议

从心理学的角度来说，亲人离世属于生活应激事件，应激事件导致的心理危机可以用危机干预的方法处理。针对 C 女士的情况，咨询师给出了以下建议：

首先，让孩子得知真实的信息。根据孩子的年龄、成熟程度和她与死者的关系，用孩子能够接受的语言告知死讯。为了避免太突然，可以叙述整个事件，让孩子有个心理缓冲。比如：“你知道吗？前几天高速公路上发生了一起车祸，一辆车翻了，好多人受伤了。你爸爸不巧也在那辆车上，他的伤太重了，抢救不过来，去世了。”给孩子留有反应的时间，孩子可能会茫然不知所措，不要逼迫孩子，澄清孩子对死亡原因等的误解，鼓励孩子说话，耐心回答孩子的一切问题。

告诉孩子亲人去世后生活中可能会发生的变化，同时向孩子表明，尽管爸爸去世了，其他人都爱她，会保护她，陪伴她，她是安全的，不是孤单单的一个人。

让孩子明白，疾病和事故是无法预料的，死亡也是不可避免的，这样可以帮助孩子缓解内心的紧张和负罪感。

接着，引导孩子自然表达哀伤。年幼的孩子尚不能明确地意识到自己的负面感受，不会表达，家长需要帮助孩子表达内心的哀伤和痛苦。家长不必在孩子面前抑制自己的悲痛，当孩子看到成年人失声痛哭，他们会受到感染，也将自己内心的痛苦以大哭的方式发泄出来，同时明白表达哀伤是非常自然的，是可以被接受的。不要对孩子说："勇敢点，别哭。""做个男子汉。"

让孩子参加葬礼，以显示孩子在去世的亲人心中的重要位置。亲近的长辈陪伴在孩子身边，告诉孩子悼念仪式的含义，让孩子理解这种氛围是人们表达哀伤和怀念亲人的方式。如果已经错过了葬礼，可以与孩子一起举行一个告别仪式，这也是缓解孩子负面感受的一种方式。

事件过后，帮孩子走进新的生活。亲人去世后，家长需要给孩子无条件的积极关注，设身处地地去体会孩子的感受。孩子越早从哀伤的情绪中走出来，越能够坚强地走进新的生活。

不要回避谈论死去的亲人，也不要把死者的痕迹从家中抹掉，以期忘却这段伤心事。其实对于孩子来说，死去的亲人仍有积极的影响力。家长可以与孩子一起纪念亲人，不必担心痛苦和哀伤会挥之不去。

亲人去世后，家长应尽早恢复原来的作息时间，让孩子回到熟悉的生活规律中，有助于缓解孩子的压力。孩子可能不知如何应对别人关切的询问，家长可以教会孩子如何以她感到舒服的方式解释亲人去世的事情，以及如何拒绝回答一些她不想多说的问题。

在哀伤期，孩子可能会对家长特别依赖。家长不要责备孩子"黏糊"，但也要有原则，告诉孩子大人都需要上班，下班后一定和孩子在一起，专门陪她。家长以积极勇敢的生活姿态给孩子做榜样，让孩子知道生活还是要继续的；同时孩子又感到自己的需要得到了重视，这种自我价值感会增强孩子内心的力量。

让孩子理解一个事实：死去的亲人是无法再回到她的生活中了。生活中有很多不可预测、不可避免的事。当孩子能够接受这种无能为力，并能看到虽然生活发生了变化但仍在继续时，她就开始具备了摆脱沉痛的哀伤、坚强面对生活的内心力量。

当孩子经历亲人的死亡事件时，作为家长害怕孩子的心理承受不了，可能会有意回避或美化事件，但要遵守一个原则：不要脱离事实，否则可能会难以获得孩子的信任，这样反而容易让孩子产生更多其他的猜测。不如正视事实，给孩子以合理的解释，共同度过哀伤时期，事件结束的仪式感很重要，做个和离世亲人的告别仪式，逐渐恢复正常的工作、学习和生活。

写作业磨磨蹭蹭的孩子

——渴望获得父母关注的案例

一个四年级的孩子因为写作业拖拉磨蹭而让父母很焦虑，来寻求心理咨询的帮助。经分析发现，这个孩子渴望得到父母的关注，在无法得到满足的时候，就以这种行为来吸引父母的关注，满足自己的需要。建议父母读懂孩子行为背后的潜台词，用合理的方式给予孩子行为的满足，不要只盯着问题的表面现象。

成长的烦恼

某个星期天的中午，一位年轻妈妈前来咨询。

“老师您好！这里是未成年人健康指导中心吗?”虽说这位妈妈面带着笑容在询问，却让人感觉有一些不自然，似乎是在刻意压抑着什么。

“是的。”

“老师您好！是这样的，我们家孩子不知道什么原因，做作业老是拖拖拉拉，我们也想了很多办法，做了很多努力，可是他就是不听，还越来越严重。”言语间，带着满脸的焦虑，有些不知所措。

据这位妈妈描述，孩子今年读四年级，写作业特别磨蹭，每天都靠严防死守才能完成作业。为了让孩子写作业，她每天苦口婆心，好说歹说，有时候还会忍不住动起手来。她也知道这样不好，担心会给孩子带来不良影响，可是有时候就是火气上来了，压都压不住。设置各种规则和奖惩机制都没有用，最后还是靠打。她现在一筹莫展，不知道该怎么办才好。

这位妈妈的苦恼也是很多家长面临的问题。孩子写作业磨蹭，天天为写作业耗得大人、孩子都筋疲力尽。

“我真是太累了，每天被他折磨得都要崩溃了。好多次想过不管他了，可又想，他还这么小，现在就不管他，将来不知道成什么样，可是我真不知道该怎么管了……”

“是啊，管也不是，不管也不是。真是让人左右为难，不知所措，又气又恼!”

“可不是吗，你说怎么就是油泼不进呢?”一下子这位妈妈就像开了闸的水一般将孩子的“症状”以及家里的情况一股脑儿给倒了出来。

她和孩子爸爸由于工作的原因，都要到晚上 9 点左右才能到家，所以孩子从小由奶奶带大。虽说平时陪孩子的时间比较少，但是爸爸、妈妈一有时间就会带着孩子出去玩，亲子互动，对孩子的情绪和感受也很照顾。孩子的要求会尽力去满足，最大限度地给孩子创造好的学习和生活环境。而且，爸爸和妈妈的感情也很好，互相之间很体谅，情感的交流很多。这位妈妈觉得，已经尽了自己最大努力给孩子营造良好氛围了。

“确实，为了孩子做了很多，付出了很多。孩子做作业拖延的情况是从什么时候开始的呢?”

“他在学校里成绩一直不错，所以回家做作业稍微有些拖延我们也没怎么说他。可是，从这个学期开始严重起来，每晚都要做到 10 点多。真担心这样下去学习成绩不好不说，他的身体会受不了。这段时间，不光做作业拖拉，我跟孩子爸爸都感觉到孩子跟我们在感情上都有了距离感!”这位妈妈一脸的憔悴和焦虑，说着说着眼泪就掉下来了。

在这位妈妈的详细介绍之下，问题逐渐清晰起来。由于孩子身体的原因，从这个学期开始，每天放学后第一件事就是去一个诊所做治疗。而之前，每天放学回家孩子都能跟爸爸匆匆见上一面，聊上几句，现在一周只能看到爸爸一两次。孩子有时候作业完成得比较早，她就会敷衍孩子几句，然后就去忙自己的事了。如果孩子做作业拖拉，她就会跟孩子讲一大通道理，有时候还会跟孩子发火。在不断的回忆中，这位妈妈想起了一个很“奇怪”的细节：有一个星期五，孩子的语文作业中要求写读书笔记，妈妈回到家发现笔记只写了个开头，作业本就放在了桌子上，到了星期天的晚上，看到作业本还在桌子上放着。妈妈感到很奇怪，似乎孩子就是要让她看到，希望她说。

澄心分析 >>>>

结合这位妈妈的叙述，不难看出，这孩子很聪明，他“知道”自己想要什么，也“知道”怎么能得到他需要的东西。孩子发现，每当自己认认真真按时做完作业，妈妈就只是敷衍了事；如果自己拖拖拉拉不做，妈妈会拉着他说上半天。表面上这种批评让人不舒服，可是比起无回应、无交流来，孩子宁愿受责骂。也就是说，孩子从作业拖延这件事上得到了他想要的、他所缺少的东西——妈妈的关注，妈妈的关注代表着妈妈的爱。对一个四年级的孩子来说，父母的关注仍然是他所需要的，无法充分满足时，他就会用一些问题行为的方式来吸引父母的注意，以满足自己的需要。

为什么监狱里把关小黑屋作为对不听从管教的犯人的最大惩罚？那是因为小黑屋使犯人断绝了与外界的交往，没有外在的反应，就感受不到自己的存在。孩子也是一样，与其孤零零地一个人在那里，还不如被人“责骂”，“责骂”让孩子感受到了妈妈还在乎自己，还爱自己。

听了咨询师的分析，这位妈妈也想到了自己。小时候，有一次，她帮父母干活，铡猪草，不小心把手臂弄伤了，皮都翻了出来，鲜血直流。父亲听到了她的哭声，二话没说背着她去医院治疗。在医院里，父亲关切的眼神透露着满满的父爱。那种感觉，至今记忆犹新。这位妈妈意识到，自己的孩子做作业拖拉，之所以这么做，就是在寻求关注，寻求被爱的感觉。

“我知道该怎么做了，谢谢老师!”说完，这位妈妈面带微笑，转身匆匆离去。

澄心建议

可以看到，写作业磨蹭只是显露出来的冰山一角，隐藏在海面以下的是巨大的冰山，是很多深层次的问题。

当孩子的情感需求得不到满足，就没有心思去学习、去探索。让孩子感到父母的爱，可以提升他的自信心和自尊心。自尊和自信是一个人积极进取的动力，只有当内心充满了力量，他才有兴趣探索外部世界，包括学习这件事。

亲子关系的背后，往往可以看到父母自身在成长中的问题。父母往往会把他在原生家庭中的问题带到和孩子的关系中，造成现在的问题。旧有的创伤没有得到愈合，碰到类似的情景、相似的事情，情绪就会像一座压抑的火山，不知道什么时候会爆发，与之朝夕相处的家人肯定会感到压抑和紧张。

问问自己，你真的了解自己的孩子吗？他对什么感兴趣？哪类事物能让他专注？他是偏敏感还是心比较大？他喜欢当组织者还是跟随者？他擅长通过阅读还是通过听觉获取知识？他是掌握知识有难度，还是没有掌握正确的学习方法，抑或只是不愿意做重复的练习？

真正的教育是顺应孩子的天性，因材施教，而不是把蕴含着无数可能性的孩子斧斫修剪成平庸的样子。

总之，写作业磨蹭不是一件简单的事，或者说，教育孩子的过程中，很多事都不是小事，不是找到一个方法就万事大吉了。这些问题都在提醒父母，有功课需要去做，需要父母去觉知、去思考、去成长，而不是单纯地压制或者逃避。每个父母都认为自己是爱孩子的，但爱从来不是那么简单，爱也是要学习的，要用对方法，爱眼前这个真实的孩子，更重要的，要学会爱自己。

孩子怎么“多动”了？

——由于情绪障碍引发多动的案例

一位五年级女孩，从三年级开始，上课多动、注意力不集中，课后在家做作业也不能集中精力完成，成绩一落千丈。两年来，这种多动的现象日趋明显，不仅自己不能集中注意力学习，也影响到了其他同学。

本案例的主要原因是孩子外婆的过世给孩子造成了一定影响，孩子沉浸在由分离产生的焦虑及哀伤中，情绪没有得到及时宣导，转化成了行为表达出来。

家长、老师发现孩子出现一些异常行为时，一定要学会倾听孩子内心的声音，了解孩子行为及问题背后的原因，从而引导孩子，帮助孩子解决问题。

成长的烦恼

有一天，一位妈妈带着她的小学五年级的女儿来到了咨询室。妈妈看上去很焦虑，带着浓浓的无助感，见到咨询师的时候，眼里满是求助的眼神。她的女儿个子挺高，却很瘦，跟在妈妈身后，眉头紧锁，也不说话，看上去很不开心。打过招呼后，咨询师示意母女俩坐下谈。妈妈说，孩子从三年级开始，上课时多动，注意力不集中，怎么也坐不住，没法好好学习，成绩也是一落千丈。

说着说着，妈妈焦虑的神情更是难以抑制："孩子上幼儿园和小学低年级的时候还挺好的，性格也挺好，对人有礼貌，大家也都挺喜欢她。但不知怎么的，从三年级开始，就有了多动的毛病。老师跟我们反映，她在学校的时候，上课总是不定心，老爱跟同学说话，不好好听课。在课堂上，她会坐立不安，甚至有的时候她会突然站起来。现在已经五年级了，她上课时还是这样，自己没法好好听课，成绩下降得越来越厉害，不仅自己没法好好学习，还影响到了其他同学的学习。"

咨询师让妈妈回忆孩子三年级之前的具体情况。妈妈表示，三年级以前成绩很好，在课堂上，没有那些现象，在家里做作业也是自己完成，没让父母操心。孩子自己也不知道现在这种情况是怎么形成的，非常苦恼。

于是咨询师开始了对孩子的单独咨询。为了让孩子能够将她潜意识里的内容呈现出来，咨询师想到了运用绘画心理来帮助孩子，并请孩子画一幅有人、树、房子的画。

在孩子的画中，人是小小的，房子也是小小的，树也是小小的。画中有一位老太太，房子前面，还有一些小鸡、小鸭等。咨询师请孩子讲讲她的画，当讲到那位老太太的时候，她指着画说："她是我的外婆。"当孩子开始讲起自己的外婆时，眼泪就止不住地向外流："在这世界上最爱我的人就是我的外婆，可是在我两年级下半学期的时候外婆就过世了。"她说着说着更难过了，哭得非常伤心。咨询师看着孩子说着对外婆的思念，并且悲痛流泪的样子，渐渐明白了，孩子并没有多动症，而是外婆的过世，给孩子造成了一些心理影响，她的情绪没有办法宣导，于是通过行为表现出来了。而这种表现看上去就像多动症一样，因为孩子的内心没有办法平静，所以行为也会有一些相似的反应。

又过了一周，妈妈带着孩子来到咨询室时，激动地对咨询师说，自从上次咨询回去后，孩子的情绪和多动的情况有了一些好转，总算是看到一些希望了。

在这次的咨询过程中，咨询师又拿出了来访者上一次画的那幅画。请她继续谈谈她的外婆。于是，她回忆起很多跟外婆在一起的美好时光，当回忆到伤心的地方，就止不住地哭泣。在接下来的几次咨询中，情况也是如此。

在跟咨询师的交流过程中，孩子逐渐完成了她对外婆的哀悼。也是在这个过程中，多动的情况日趋改善。在第五次咨询的时候，妈妈跟咨询师说："我女儿现在在家已经能够安安静静地做作业了，老师也反映她上课的时候能够安静下来认真听课了。希望接下来能越来越好，真是太感谢了！不知道您做了什么，能够让她的情况有这么大的改善？"咨询师说："我并没有做什么特别的事，只是引导您女儿谈了许多她跟外婆的一些回忆。"

这次过后，孩子的表现非常稳定，那些多动的现象都消失了，孩子的成绩也越来越好。最后一次咨询时，咨询师从母亲和孩子的脸上都看到了放松而愉快的笑容。

澄心分析 >>>>

儿童的多动现象是由各种原因导致的，有多动症形式的多动，有情绪问题引发的多动，前者属于病理性的心理障碍，后者属于环境、教育引发的心理问题，两者形式上有相似之处，但本质上是有差异的。

情绪问题引发的多动是因为儿童情绪表达的能力不如成人，他们用行为表达的时候，常常会显示出各种各样不同的行为方式。

本案例造成孩子多动的主要原因是孩子外婆的过世所引发的一种由于分离产生的焦虑及哀伤。由于孩子的内心一直不愿意承认外婆过世的事实，她期望永远得到外婆的爱，在她的内心中存在着一种无法言语的哀伤，还伴有抑郁、焦虑等不良情绪。

孩子曾经跟妈妈说过，她很怀念外婆。但是妈妈由于对这种现象并不了解，没有给予充分的重视，于是导致孩子的哀伤持续了两年多。在咨询的过程中，通过咨询师的引导，孩子在心灵上与外婆做了交流，精神上得到了很大的释放及调整，从而使情绪得到了很好的疏导。也正是因此，她的行为渐渐发生了变化，终于能够安静下来了。

澄心建议

（1）如果家长、老师发现孩子出现一些异常行为时，要注意分析孩子行为背后的情绪原因，并找到导致这种情绪产生的事件以及引发不良情绪的因素，从而才能有效地解决孩子行为的问题。

当发现孩子行为上产生问题时，一定要心平气和地倾听孩子内心的声音，从而引导孩子，帮助孩子解决问题，才能真正有效地排解孩子内心深处的困扰。

（2）要区分正常的调皮行为与非正常的多动行为。真正的多动症有其明显的生理原因，而且在年纪很小的时候就存在这类问题。正常的调皮行为也会被理解为多动，但它属于有情景性的，常常是情绪问题导致了多动问题。

爱有限　宠有度

——过度溺爱形成的厌学问题的矫正

小D由于父母溺爱而缺少规矩感，以自我为中心，行为自由散漫，并产生厌学心理。他用各种方式，包括对老师撒谎、骂老师，以达到不上学的目的。经过与孩子父母的沟通交流和细心部署，咨询师对孩子进行了相关的教育，情况有好转。建议家长不能对孩子过度溺爱，厌学问题的背后往往是心理问题。

成长的烦恼

小D的爸爸妈妈40多岁，小D的姐姐在读大学三年级，小D是一名小学二年级的学生。半年前，小D开始出现上学拖拉的情况，半年来愈演愈烈，渐渐开始厌学，不上学。父母问理由，他回答“不想”，“不喜欢去学校”，“想看电视”。爸爸说，孩子从小到大都比较听话，由于是老来得子，家人都比较宠他，基本上要什么就给什么。在家长和孩子有分歧时，基本采取说服教育的方法，从来没有过惩戒措施，连说话语气重的情况都很少有。

从班主任老师处了解到，小D一年级初入学时各项表现都很好，在班级里是一个比较安静乖巧的男生，成绩在班里属中游水平，但自从一年级下学期开始，先是偶尔有迟到现象，后来开始不太肯听老师的话，最严重时甚至在教室里骂老师，上课时不听课还大喊大叫。

小D是一个白白嫩嫩的高个子男孩，虽然父母是做苦力的打工者，但是把孩子照顾得很好，可见小D在生活上是比较舒适的。小D有一种强烈的倔强感，一说到要开始正常上学时，就很不开心地说“不去”，而后小嘴紧闭，老半天也不开口。在后续交流中，小D试图做各种抗争，花样百出，提出要见校长，要找警察。最后咨询师给小D建立规矩，达成协议：（1）认真上课，听班主任的话，有事和班主任说。（2）如果再有上课迟到、打骂老师的事情发生，将受到相关惩罚。

澄心分析 >>>>

在孩子心理发育的关键时期，父母没有给他建立相应的规矩，所以孩子不理解什么叫规矩，也不接受规矩。溺爱的结果就是导致孩子以自我为中心，为所欲为。

由于父母的溺爱，孩子不上学的行为得到了负强化，甚至变本加厉，出现骂老师的行为，这是一种对抗性行为，也是一种爆发性行为。

俗话说，三岁看大，七岁看老。这种个性没有得到纠正，将会持续影响孩子正常的心理发展。在孩子2～3岁时，父母要给他建立适当的规矩，规范孩子行为，以适应社会规范。

澄心建议

（1）父母要改变教育观念和行为，在生活中逐渐对孩子建立规矩，并提出相应的生活规范的要求。

（2）父母要积极配合学校对孩子的教育，并且父母双方对待孩子的教育要保持态度一致。

（3）由于孩子不良的行为已经成为其个性的一部分，所以这种行为的纠正会使孩子产生剧烈的情绪反应。在这种时候，家长和老师都要坚持原则，度过这个时期，纠正孩子的不良行为。

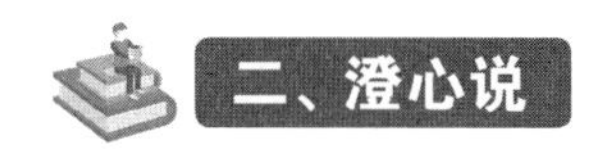

如何理解小学生厌学现象？

什么是厌学现象？>>>>

厌学是学生对学习的负面情绪表现，从心理学角度讲，厌学是指学生消极对待学习活动和过程的行为反应模式，主要表现为学生对学习存在认知偏差，态度上消极地对待学习，行为上主动逃离学习。厌学问题已成为阻碍学生身心健康发展的重要原因之一。

厌学现象出现的原因 >>>>

1. 家长对孩子期望值过高，对孩子惩罚过重，使孩子产生逆反心理

现在独生子女已属普遍，许多家长对孩子期望值过高，不顾孩子的实际情况，用“神童”的标准去要求孩子，给孩子报各种课外辅导班和兴趣班等。一旦孩子达不到他们要求的标准，家长就对其严厉惩罚，使孩子心灵受到伤害，同时对学习也产生反感，甚至与家长对抗，有的还发展到轻生。

2. 单亲家庭或留守儿童缺少正常关爱

有些学生因父母离异或外出打工等原因，缺少父母的关爱、教育，没有正确方向的引导，性格孤僻，学习的积极性受到阻碍，从而产生厌学心理。

3. 教师“厌教”，课堂内容和形式单一枯燥

教师态度不正、不民主；教师教学内容不丰富，讲课照本宣科，学生听了收获不大；教师教学方法不灵活，不管学生愿不愿听，讲了就算；学生作业负担重，压力大等都会导致厌学心理增加。

4. 学校评价体系不够完善，不考虑学生的心理承受能力

在传统教学体系中，分数是评价一个学生的重要指标，而对思维能力和学习成绩处于低水平的儿童，起决定作用的，不是分数，而恰恰是“自尊心”。一旦儿童的学习受制于分数，没有智力活动的欢乐，没有认识的欢乐，就必然把学习变成一种枯燥无味的苦事。只有当儿童学会重新学习，同时产生欢乐感和自尊心的时候，他的学习才开始步入正轨。

5. 儿童本身的心理承受能力欠佳

这多见于神经过分敏感的儿童，表现为对学习的期望过高，自尊心过强，心理压力过大，精神过度紧张和疲劳，唯恐成绩下降。他们对考试和平时的学习信心不足，过分看重考试成绩和排名，自卑心理严重。此外，学习生活不规律，学习方法不科学，不适应新的环境和老师的教学方式，不能做到劳逸结合，也会造成不良的身心状态。

6. 在市场经济大潮冲击下，社会大环境对学生产生不同程度的负面影响

社会上“文盲大亨”的出现，致使“读书无用论”有蔓延的趋势。没读几天书、不识几个字的人步入商海，却通过各种手段赚了大钱。例如，平台主播、游戏主播打赏赚钱。这对涉世未深的青少年学生影响是巨大的。

厌学和逃学是学生学习活动中的一种非正常现象，它严重影响了学习活动的顺利进行，对少年身心健康成长有很大危害性。我们应该尽快消除学生中的厌学和逃学现象，使学习过程和手段与学习目的得到统一。

如何才能消除厌学和逃学现象？>>>>

1. 家长要经常给孩子以成功的体验

提高孩子的学习兴趣，首先要使孩子尝到成功的滋味。不要“强迫”

孩子学习。如果家长对孩子学习逼得太紧，孩子会变得焦虑、不耐烦。在潜意识里，孩子会对学习产生反抗的情绪，记忆力下降，刚刚学过的东西也容易忘掉。家长要注意赞美和鼓励，必须懂得，语言赞美会对孩子的学习起到很大的鼓励作用。相反，批评过多，会使孩子情绪低落，学习时更易犯错误。

2. 建立和谐的师生关系，营造良好的学习环境

师生之间应该民主、平等、积极合作，努力为课堂创造和谐的气氛。实施“积极人格教育”，师生在人格上是完全平等的，所以教师应拥有“你不会学习，我来引导你学；你不愿意学习，我来吸引你学习”的观念。何谓吸引？就是使儿童乐意学习，使他们乐意参加师生共同进行的教育教学过程，师生同步，达到“主体”与“主导”的最佳结合，使儿童学习的每一分钟都成为快乐的享受。

世上缺少的不是美，而是发现美的眼睛。每个学生都是一块金子，都有他闪光的一面。教师应把教学与学生特长结合起来。若学生经常受到来自学校和家庭的表扬和鼓励，就会增加成功体验，兴趣也会潜移默化地转移到学习中。

养成良好的学习习惯

什么是小学生学习习惯？>>>>

小学生学习习惯是指小学生在小学阶段学习过程中，在老师和家长等成人的培养下，养成的一种自动化学习行为方式。比如，在某个时间点自觉做作业等。

良好的学习习惯的意义 >>>>

良好的学习习惯，可以激发孩子的自我效能感，符合心理规律的学习习惯可有效提高学习效率，使学生终身受益。

如何养成良好的学习习惯？>>>>

1. 自觉主动学习

培养在没有他人催促的情况下主动学习的习惯。在学习过程中专注的学习状态很重要，这是学习的前提条件。

2. 及时完成作业

将各学科的作业做有序安排，并保证每门学科作业的完成，全部完成后养成收拾整理桌面和书包的习惯。这样做可以减少拖延和注意力涣散的现象，提升学习效率。

3. 课前预习

课前预习不仅可以提高课上学习效率，还有助于培养自学能力。预习需要对要学的内容进行精读，理解有关问题并加以思考，把不懂的问题做好标记，以便课上有重点地去听、去学、去练。

4. 认真听课，勤思考、善提问

上课时，老师用多种渠道和形式讲课，学生必须专注听老师讲，跟着老师想，调动所有感觉器官参与学习，做到情绪饱满，抓住重点，弄清关键，思考分析，大胆发言。

学生是学习的主人，课上积极回答问题可以促进思考，加深理解。回答问题要主动，表述清楚。

学习要多思善问。“多思”就是把知识要点、思路、方法、知识间的联系等认真思考，形成体系。“善问”是要多问自己几个为什么，还要虚心向老师、同学及他人请教，这样才能有所提高。在学习的过程中，要敢于合理质疑已有的结论、说法，做到不轻易放过任何一个问题。“最愚蠢的问题是不问问题”，向别人请教是一种迅速掌握知识的方法。

古人云：“学贵有疑，小疑则小进，大疑则大进。”说的就是质疑问难的重要性。爱因斯坦说过，提出一个问题比解决一个问题更重要。古人把学习称为做学问，强调了学习必须一边学，一边问，孔子说“敏而好学，不耻下问”，培养提问习惯对学习有极大好处。

5. 记课堂笔记

实验表明：上课光听不记，仅能掌握当堂内容的30％，一字不落的记也只能掌握学习内容的50％，而上课时在书上勾画重要内容，在书上记有关要点的关键语句，课下再去整理，则能掌握所学内容的80％。

6. 及时复习

课后要先复习再做作业，复习时归纳知识要点，找出知识之间的联系，对不懂之处主动询问并弄懂。

经过一段时间的学习后，要对所学的知识在大脑中勾画图式，使知识系统化，这样才能牢固掌握知识，形成学科能力。

良好习惯的培养需要家长和老师在孩子能够做到、愿意做的基础上，循序渐进地进行，一旦形成良好的学习习惯，学生受益无穷。

如何应对校园欺凌？

什么是校园欺凌？>>>>

校园欺凌是指发生在学校校园内、上下学途中以及学校的教育活动中，由老师、同学或校外人员，蓄意滥用语言、躯体力量、网络、器械等，针对师生的生理、心理、名誉、权利、财产等实施的达到某种程度的侵害行为。

校园欺凌出现的原因 >>>>

1. 自私、冷酷的个性

家长一方面希望孩子能在学业上和品行上出类拔萃，另一方面又时刻担心孩子遭受挫折或蒙受委屈，这种两难中的家长学会了通过其他方法来求得自己内心的平衡。而这种补偿多数情况下被演化成了一种文化课学习之外的放纵，孩子许多违反行为规范的举动被认可甚至纵容。这些小错的点滴积累，慢慢地养成了孩子个性中的偏激、自私与冷酷，使孩子在处理问题时不能通过理性和规范来约束行为，而是任由自己发脾气，不顾后果。这种极端的以个人为中心的思想，养成了孩子唯我独尊的畸形心态，形成了遇事只考虑自身利益、漠视他人存在的性格。

2. 缺乏感恩

很多家庭都是独生子女家庭，全家人呵护着孩子的一切，遮挡住孩子的挫折和坎坷，同时割裂了孩子个体和整个社会的有机交融。孩子的要求，无论对错，多数情况下总会被满足。于是，一切的付出都成了一种理所当然，孩子丧失了感恩的思想。在和同学交往的过程中，总是希望时时刻刻能控制他人，希望大家都能听命于自己。通过这种方式形成的“老大”，体验到一种畸形的满足，而其他弱小者为了不被欺凌，或主动、或被迫地巴结讨好他们，如此，又助长了他们的病态心理需要。

3. 教师权威地位颠覆后问题归属的误判

在学生心中，教师失去了应该获得的尊重，老师成了单一的被动出售知识的人，家长、学生与老师之间就像是一种顾客和销售员的关系。这种价值取向，又反过来影响着老师的工作情绪和状态，使一些教师成了除教授知识，别的就一概不加过问的甩手掌柜了。师生间丧失了理解和信任。学生不再愿意向老师敞开心扉，而老师的心灵深处也很少有一块领地真正属于学生。孩子会认为老师根本解决不了问题，只能依靠自己的力量。学生依照自己的经验，确立起了通过强权来获取尊严并替代老师权威的新的地位观。

4. 对强权政治、黑恶势力、暴力游戏与灰色文学的认同与膜拜

暴力游戏的快意杀戮，港台影视的黑社会英雄，在青少年心底播种的就是一种对邪恶认同和膜拜的种子。这种建立在非理性基础上的认同和膜拜，内化后又成了部分“问题少年”处世的准则，使他们在待人接物等多方面都体现出一种对主流社会的反叛和仇视。

如何避免遭受校园欺凌？>>>>

(1) 给孩子的穿戴和学习用品尽量低调，不要过于招摇。

(2) 教育自己的孩子不要去激惹比较霸道和强悍的同伴；在学校不主动与同学发生冲突，一旦发生及时找老师解决。

(3) 教育孩子上下学和活动时尽可能结伴而行；独自出去找同学玩时，不要走僻静、人少的地方；不要天黑了再回家，放学后不要在路上玩耍，按时回家。

(4) 尽早让孩子形成坚实的自我价值感和自我认同感，尊重他人，感

到自己也同样值得尊重。

（5）让孩子参加自卫训练。这些训练可以减小他成为受欺负者的可能。

（6）如果遇到校园欺凌，首先可以大声警告对方，洪亮的声音可以起到震慑作用。如果对方还是继续欺凌行为，应适当自卫。如果反抗后对方仍未停止攻击，应该在自卫的同时大声呼救求助，并且寻找机会逃走，保护好自身安全是最重要的。

（7）如果遇到校园暴力，一定要沉着冷静，采取迂回战术，尽可能拖延时间。当在公共场合受到一群人胁迫的时候，应该采取向路人呼救求助的态度，这种办法会免去一些麻烦。

（8）事情发生后，父母有必要保持冷静，并把发生的情况告诉孩子的老师、咨询师、园长或校长。可以先问问孩子是愿意自己去告诉，还是由家长去告诉。遇到严重的暴力行为，应通过法律途径来维护自身权益。

有效的学习策略

什么是有效的学习策略？>>>>

有效的学习策略是指学习者为了提高学习的效果和效率，有目的、有意识地制订有关学习过程的方案，此方案的制订有以下原则：主体性原则、内化性原则、特定性原则、生成性原则、有效的监控、个人自我效能感。

有效的学习策略的特征 >>>>

（1）主动性。一般学习者采用学习策略都是有意识的心理过程。学习前，学习者先要分析学习任务和自己的特点，然后，根据这些条件，制订适当的学习计划。只有反复使用的策略才能达到自动化的水平。

（2）有效性。所谓策略，实际上是对相对效果和效率而言的。一个人在做某件事时，使用最原始的方法最终也可能达到目的，但有可能效率不会高。比如，记英语单词，如果一遍又一遍地朗读，只要有足够的时间，最终也会记住，但是记忆不是很牢固；如果采用分散复习或背诵的方法，记忆的效果和效率一下子会有很大的提高。

（2）过程性。学习策略是有关学习过程的策略。它规定学习时做什么、不做什么，先做什么、后做什么，用什么方式做，做到什么程度等诸多方面的问题。

（4）程序性。学习策略由规则和方法构成。每一次学习都有相应的计划，学习策略也不同。同一种类型的学习，存在着基本相同的计划。

学习策略由三种成分组成 >>>>

1. 认知策略

认知策略是加工信息的一些方法和技术，有助于有效地从记忆中提取信息。

（1）复述策略。这是在工作记忆中为了保持信息，运用内部语言在大脑中重现学习材料，以便将注意力维持在学习材料上的方法，这也是常用的一种方法。

（2）精细加工策略。这是一种将新学材料与头脑中已有知识联系起来，从而增加新信息的意义的深层加工策略。一般的精细加工的策略有许多种，其中有好多被人们称为记忆术。比较流行的记忆术有位置记忆法、首字联词法、视觉联想法和学习策略法。

（3）组织策略。这是整合所学新旧知识之间的内在联系，形成新的知识结构的策略。组织是学习和记忆新信息的重要手段，其方法是将学习材料分成一些小的单元，并把这些小的单元置于适当的类别之中，从而使每项信息和其他信息联系在一起。有人认为，记忆能力的增进，是组织的结果，因为学生可以用各类别的标题作为提取记忆内容的线索。因此，在教学中，教师要教会学生对信息进行多层分类，以提高他们的记忆能力。在教复杂概念时，教师不仅要有序地组织材料，而且，重要的是要使学生清楚这个组织性的框架。

（4）模式再认策略。模式再认方法涉及对刺激的模式进行再认和分类的能力。和概念一样，模式再认过程是通过概括、分化和存储、提取的过程学习来的。比如，生物学专业学生已经学习了凡生命体必须完成八大生命过程：获取食物、呼吸、排泄、分泌、生长、反应、繁殖、运动，这属于陈述性知识。现在，学生要利用这一知识表示这一过程的条件陈述句是："如果一个客体执行了所有这八个生命过程，那么它就是活的。"教师可以用植物等生命体作为不同的例子，促进概括，还可以列举反例，如水晶石虽然存在促进分化、进行生长的过程，但不经历运动、呼吸等生命过程，故不属于生物。

（5）系统学习策略。学习者必须有意识地执行每一步，直到过程完成。在学习某一个过程时，存在两个主要障碍。第一个就是工作记忆存储量的限制。尤其在学习一个长而复杂的过程时，困难更大，任何一个过程如果步子长达9步以上，超过短时记忆的容量（7±2），就很难被保持在工作记忆中。为了克服这一局限，可以利用一些记忆辅助手段，如把这些步子写下来给学生。当然，重要的是成功地完成这一过程，而不是记住这些步子。第二个潜存的问题就是学生缺少必备的知识，在学习某一过程时，要确保学生已经具备所必需的知识和技能，这一点非常重要。在教学某一过程时，教师不妨先进行一下任务分析，也就是要识别为了达到某一教学目标学生必须学会的次一级的知识和技能。通过任务分析，教师能了解学生在次级技能上的能力，如果有必要，可进行一定的补习。

2. 元认知策略

此策略是学生对自己认知过程的策略，包括对自己认知过程的了解和控制策略，有助于学生有效地安排和调节学习过程。计划策略、控制策略和自我调节策略都属于元认知策略。

3. 资源管理策略

此策略是辅助学生管理可用环境和资源的策略，有助于学生适应环境并调节环境以适应自己的需要，对学生的动机和动力及其持久性有重要的作用。它包括时间管理策略、学习环境管理策略、努力管理策略和学业求助策略等。

什么是行为矫正技术？

行为矫正技术的定义 >>>>

行为矫正技术是指系统地应用行为原理来处理人类的行为，并使行为发生变化的治疗技术。

行为矫正是20世纪五六十年代发展起来的一门技术，80年代后，世界各国行为矫正的研究报告成为心理学者用来处理儿童和成人外显行为问题的主要理论基础。

行为矫正的理论基础 >>>>

行为矫正的理论基础包括四个方面：应答性条件反射论、操作性条件反射论、认知行为矫正论和社会学习理论。随着行为矫正理论的发展，四者逐渐趋于融合。

1. 应答性条件反射论

应答性条件反射是使无关刺激向条件刺激转化，并在条件刺激与反应间建立新的联结关系。巴甫洛夫认为，使得这种联结关系建立的力量是强化作用。通常说来，凡是在学习情境中出现的任何事件，只要有助于促进刺激与某种反应间联结关系的建立，有助于加速经典条件反射的形成过程的都可称为强化物。巴甫洛夫的条件反射实验研究及强化等概念对学习理论及行为矫正技术的发展产生了很大影响，它既可用来解释人类行为的养成，也可有效地指导行为治疗实践。

2. 操作性条件反射论

操作性条件反射理论以斯金纳为代表，强调行为的改变是依据行为的后果确定的，结果行为如果受到强化，行为就会出现或增加，结果行为如果受到惩罚，则行为就会消失或减少。

3. 认知行为矫正论

认知行为矫正理论是在20世纪70年代正式产生的，其核心是强调机体内部变项在刺激—反应联结过程中的作用，高度重视和关注个体认知信念对行为形成或学习过程的影响。其主要论点是：影响人的情感和行为的主要原因是认知过程的问题。因此，对不合理的认知信念或思维模式进行调整和重建是行为矫正的主要任务。以此为基础，认知行为矫正技术将治疗焦点集中于来访者的思想、信念、推理、判断及其他的内部心理活动上，并借助想象、自我言语、抗辩、模仿等方式，训练和教导个体获得积极性的认知和行为技能，帮助人实现自主、自制和自我矫正的目标。

4. 社会学习理论

社会学习理论的主要创始人之一是著名的心理学家班杜拉。社会学习理论吸收了其他学习理论观点的精华，提出了“三位一体的交互决定论”思想，认为学习者可通过观察和模仿他人的行为，从而使自己的行为发生变化，而行为继续与否则受制于该行为的后果的反馈。

行为矫正技术的广泛应用 >>>>

行为矫正技术在以下领域被广泛应用：

（1）教育领域。行为矫正在教育领域的运用机会多且成效显著。借助行为矫正能有效地减弱和消除学生破坏课堂纪律的行为，也可用来矫正学生在学习技能方面存在的各种缺陷和不足，同时还可用于课堂教学，帮助学生有效学习和掌握知识，使学生形成良好的习惯等。

（2）临床心理方面。行为矫正在临床心理上运用广泛。其主要用来矫正弱智儿童的不适当行为，训练其生活自理能力，或用来矫正情绪困难儿童的不良行为。此外，还可用来矫正精神病人或人格障碍患者的变态行为。

（3）医疗保健领域。在20世纪70年代，行为矫正继续迅速发展，其研究进一步深入到有机体内部，开始重视行为变化过程中的自主联系和神经功能，从而产生了“生物反馈疗法”。这是一种通过条件反射的方法教会“内脏学习”的行为矫正技术。

（4）机构、人事管理及其他领域。行为矫正在该领域的主要作用在于帮助管理人员运用奖惩机制来激励员工积极工作、控制违规行为发生以及利用强化原理和社会性强化物来提高员工的工作热情，提高工作效率等。此外，行为矫正在社会公益事业及社区管理领域、运动员的技能训练、监狱管理等许多领域，也具有重要的意义与使用价值。

常用的行为矫正技术 >>>>

常用的行为矫正技术有：

（1）系统脱敏法。系统脱敏法是最早的行为矫正技术，包括想象脱敏和现实脱敏两种，它是指在安逸而放松的心境下，安排患者逐渐接近所惧怕的事物，或是逐渐提高患者所惧怕的有关刺激的强度，让患者对于惧怕事物的敏感性逐渐减轻，甚至完全消失。该疗法是建立在应答性条件反射基础上的，它结合相互抑制原理，可以对焦虑症、恐惧症等进行有效治疗。

（2）行为塑造法。行为塑造法是操作性条件反射原理在行为矫正中的运用。行为塑造就是指在建立一个新的行为时，可从起点开始对与该行为有关的一系列反应逐个进行强化，一直到该新行为建立为止。

（3）社会技能训练。社会技能训练是采用“角色扮演”的训练技术来达到增强个体社会技能的目的。在此，角色扮演是对现实生活的一种预演，个体可以学习获得新的行为，改变不适应性的社会行为。

焦点解决短期治疗

焦点解决短期治疗的定义 >>>>

焦点解决短期治疗（Solution-focused Brief Therapy，SFBT）是指以寻找解决问题的方法为核心的短程心理治疗技术。

焦点解决短期心理咨询技术的基本理念 >>>>

（1）咨询重点放在探索心理问题的有效解决上，而不纠缠于问题的原因或问题本身。传统的心理咨询认为一切心理问题的出现都必有其内在的原因，找到原因，就可以解决问题。而焦点解决短期心理咨询所关心的重点在于“做什么可以让问题不再继续下去”，相信“事出并非定有因”，认为原因和结果之间的关系往往是非常复杂的，原因不一定可以找到，即使找到原因，也不肯定是正确的。所以，“了解原因”在焦点解决短期心理咨询过程中并不是那么重要，重要的是帮助来访者考虑应该做什么才可以使问题不再继续。

（2）焦点解决短期心理咨询相信，“问题症状”可能具有正向功能，相信来访者拥有解决自身问题的能力与条件。焦点解决短期心理咨询的策略不是问题解决导向，而是解决发展导向，强调来访者有能力、有责任发展适合的解决方法，咨询的任务就是进行引导，让来访者积极地去发现自己身上所具有的正向资源和条件，发现自我改变的线索。

（3）在咨询策略方面，焦点解决短期心理咨询主张从积极、正向的意义出发。强调来访者的正向力量，而不是去看其缺陷；强调来访者的成功经验，而不是他们的失败；关注来访者解决问题的可能性，而不是他们的局限性。焦点解决短期心理咨询认为，咨询师要从积极、正向的角度，引导来访者意识到自己想要什么，确定积极目标，认识到做什么能够解决问题。

（4）在问题解决的方法上，焦点解决短期心理咨询认为，凡事都有例外，有例外就能解决问题。关注来访者所抱怨的问题在什么情境下不会发生。咨询师的任务主要是引导来访者去发现寻找，甚至创造问题的例外，使来访者意识到自己已经做到的、曾经做过的或已经开始做的事情。在咨询过程中陪伴来访者回顾以往，鼓励来访者去发现问题的例外，只要有例外发生，即使是小小的例外情境，都会促使问题的持续改变，逐步发展成更多的改变。

焦点解决短期心理咨询的基本流程 >>>>

焦点解决短期心理咨询的特点是将每次 60 分钟的咨询分为三个阶段：

（1）建构解决的对话阶段（40 分钟），是整个咨询过程的重点。它大致可分为三个区块：设定目标会谈区块、寻找例外会谈区块、发展未来想象区块。每一部分都有典型问话句式，如目标会谈架构的是“你来这里的目的是什么?”例外会谈架构的是“这个问题什么时候不发生?”“你想要的这个目标在什么时候曾发生过?”发展未来想象架构的是“当这个问题已经解决了或是这个目标达到了，你的行为会有什么不一样?”

（2）休息阶段（10 分钟），这个阶段咨询师会短暂离开会谈场所，主要是回顾和整理第一阶段中来访者对其问题的解决所提及的有效解决途径，并与观察员或其他咨询师进行讨论。

（3）正向回馈阶段（10 分钟），它包括赞美、信息提供和家庭作业三个环节，提供在休息阶段所设计的个人策略给来访者参考，以促使来访者行动与改变的发生。

飞扬中学

青春期是指孩子12～18岁的发展时期，是身心变化最为迅速而明显的时期，在这个时期，儿童的身体、外貌、行为模式、自我意识、交往与情绪特点、人生观等，都脱离了儿童的特征而逐渐成熟起来。这期间还要经历中高考两个重大的转折。这些迅速的变化，会使他们产生困扰，以及自卑、不安、焦虑等心理问题，甚至产生不良行为。这一时期的思维发展是从抽象逻辑思维向辩证逻辑思维发展的过程。

化解焦虑　轻松迎考

——一例合理情绪疗法的技术应用

科技的迅猛发展，就业形势的严峻，给人们带来的是竞争意识的加剧。随着中考、高考的考期临近，很多学生出现考前焦虑的问题，本文中的小丽就是一例。在辅导过程中，咨询师通过理性分析和逻辑思辨，使小丽改变了造成情绪困扰的不合理观念，克服了自身的情绪问题，并顺利参加高考，取得了好成绩。

成长的烦恼

小丽走进心理咨询室的时候，脸色憔悴，未开口说话，眼泪就先流了出来，陈述中充满了焦虑和无奈。她对咨询师说：“离高考不到三个月时间了，觉得自己被笼罩在紧张、窒息的学习氛围中，常常感到心烦意乱。回到家里母亲不停唠叨让我更是心乱如麻。自上高三以来，成绩一直在下滑，就连自己的强项英语也大不如前。原来成绩不如自己的同学接连考在我的前面，为此，我整天惶恐不安，常常和同桌、母亲发脾气，常常在噩梦中醒来，也曾有过离家出走的想法，可面对母亲有时又不忍。您说我该怎么办?”

通过小丽的倾诉和与之会谈了解到：小丽单亲，与母亲生活在一起。母亲性格较怪异，很难与人相处，现已下岗。母亲把小丽的升学看得很重，要求她考上一本院校的名校。小丽的老师们把她看成重点培养对象，对小丽的要求很严，看到小丽就说："怎么搞的？你怎么能是这个成绩？"可见，在老师的严厉关爱中，缺少一些心理沟通技巧。

澄心分析 >>>>

从小丽的倾诉中，咨询师感到她承受着巨大的压力，焦躁的心理情绪和缺乏自信，是压力的外在表现。咨询师认为小丽同学的问题是由于学习压力过大引起的考前焦虑。

小丽同学学习压力产生的原因有哪些呢？

(1) 社会因素。当前升学择业竞争激烈，小丽同学的母亲经历过企业改革的阵痛，面临失业和再就业的竞争压力，目睹大学生就业的艰难，残酷的现实使她认识到学历和能力的重要，于是对小丽的要求也相应提高。

(2) 家庭因素。母亲望女成凤心切，常常见到孩子就唠叨，"考个好学校吧，别像妈妈这样"，这给了小丽无形的压力。

(3) 学校因素。高考成绩，特别是高分段、一本率是学校生存的条件，虽然这值得商榷，但又是我们必须面对的现实问题。学校、教师对学生的期望值高，这样，学生便产生了巨大的学习压力。

(4) 自身因素。小丽同学心目中的理想院校是北二外，因为外语专业就业环境好，收入较高。可现实是成绩滑落，北二外离她渐渐远去，她就感到理想和现实的距离太大了。这种"攀高心理"使她找不到自己的合适位置，心理落差加大，不免产生了畏惧心理。加上长时间的疲劳战术使她感到非常焦躁。

一模考试后，她的成绩不理想。咨询师用倾听和共情的方式让其宣泄情绪，释放内心压力。然后了解到小丽的内心有一些不合理的信念，这些信念导致了她考试焦虑。比如小丽说："我目前的成绩能考上本科，但是很难考上像北二外那样的学校，可我必须考上那样的学校，否则将来没有好工作。”“考上北二外多好，妈妈在亲戚面前也有话说。可要考上北二外，我的成绩必须提高。”由此，咨询师发现目前小丽的焦躁情绪主要是由“我必须考上北二外，我的成绩必须提高”这种不合理信念引起的。至于诱发自己心情烦躁、想离家出走的原因，则是考试成绩不断下滑，自己心目中的目标无法实现。咨询师对这些想法进行了辩论和开解，小丽调整了自己的想法，焦虑的情绪得到缓解。

澄心建议

（1）改变自己内心的不合理认知，从而缓解考试焦虑。不合理认知会影响情绪和行为。

（2）宣泄内心的情绪，给自己一个空间，从而疏通内在的感受。小丽受到社会、学校的压力，内心充满矛盾和冲突，不知道该如何去解决，所以家长需要给她一个宽松、自由的环境，这样她才能自由成长。

（3）要根据自己的实际情况制定中考、高考目标。重大考试中考出自己平时的成绩就是考试成功。

考前大补身体怎么没用？

——一例高考生考前焦虑引起的手淫问题

一名高三的男生出现手淫问题，由于父母不善处理使得问题越来越激化。经过咨询分析后发现，他是由焦虑情绪而导致手淫，因此，主要应及时处理他及父母对待高考的焦虑情绪。建议学校和父母对孩子普及性心理健康知识，树立对于高考的合理认知。

成长的烦恼

小 H 第一次走进咨询室，是由妈妈陪同而来。妈妈的情绪很焦虑，一进咨询室就开始说起来，说小 H 过度关注身体，心理问题太严重，想太多，甚至主张给小 H 用药和电击。签好咨询协议，简单了解了一些情况后，咨询师想和小 H 单独谈谈。妈妈离开咨询室前，恶狠狠地对小 H 说："电死你!"

咨询中，小 H 的态度半开放，说话慢慢的，文静得像个小姑娘。咨询师问："你怎样看待妈妈说要'电死你'?"小 H 不以为然："她就那样，情绪化特别严重，动不动就会发火，发火的时候就会说狠话。"看上去，小 H 并没有妈妈那样焦虑。咨询师继续问："看来妈妈的情绪不稳定，那妈妈什么时候会发火，什么时候不会发火呢?"小 H 说："妈妈喜欢我扮天真，像小孩子一样哄她开心，满足她的掌控感，这样妈妈才会不发脾气。如果不听她的，就会发火。”经了解，小 H 是个品学兼优的好学生，很乖，青春期没叛逆过，学习上也没让父母操心过。高三上学期开学后两个月他得了一次感冒，感冒后总觉得浑身无力，没精神，记忆力下降，身体哪儿都不舒服。父母带他去医院做了全身检查，没有发现什么问题。但小 H 开始越来越关注自己的身体，趁父母不注意就拿起手机、电脑查询与身体有关的资料和各种养生信息，半夜不睡觉偷偷地在被窝里看这些资料，还要求父母按照资料上的方法给自己补养。时间长了，影响了学习成绩，父母也被小 H 惹得心烦，无奈之下带他来到了心理咨询室。

小 H 父母都受过高等教育，而且各自在自己的领域里做得很出色。妈妈觉得儿子身体没问题，是心理有了问题。尽管小 H 学习不错，平时也很乖，但父母一直有一个心结，总觉得在已经过去的中考准备阶段如果管得严一些，小 H 可以考上一个更好的高中。但小 H 自述，自己中考成绩发挥正常，现在进的这所高中也很不错。中考的“教训”，使父母觉得高考前一定要看好小 H。高三一开学，每晚父母都会陪读，和小 H 一起在书房里。父母依据他们读书时的经验，认为夜深人静的时候，是学习效率最高的时候，是不能浪费的。高三很关键，早睡就是浪费时间、不用功的表现。于是，无论小 H 是否已经写好了学校的作业，父母都规定他 24 点前不能睡觉，妈妈会找来课外卷子让小 H 做，做完了再找其他的试卷做。为此，小 H 痛苦不堪。小 H 说：“我需要早一点睡，哪怕是 23 点睡也行，一定要我 24 点才能睡，第二天听课效率就很低。和父母说了也没用，他们就认为我懒、不用功，学习态度有问题。”小 H 一脸无奈样。

第一次家长访谈，咨询师就小 H 的成长经历做了一些了解。由于工作原因，小 H 小的时候，爸爸在外地，陪伴小 H 和这个家庭的时间很少，妈妈和小 H 两个人相伴生活。妈妈一直情绪不太稳定，经常发脾气，甚至会摔东西。小 H 小学四年级时还抱着一条从小陪伴自己长大的小被子不肯分开，尽管那条小被子已经破烂不堪了。表面上看小 H 在小学二三年级的时候已经与父母分房睡了，但爸爸不在家的时候，小 H 还会要求陪妈妈一起睡。小 H 上高中后才会系鞋带，现在十七八岁了，也不承担一点家务，连内裤都是妈妈洗。小 H 的成长经历和现状表明：其心智发展较晚，安全感不足，与父母存在依恋问题，分离困难，也缺乏一定的自理能力。在妈妈心里，小 H 还是个没有长大的孩子。而小 H 在妈妈面前，在某些方面也没有异性间应有的羞涩和回避的意识和行为。小 H 第二性征发育后，开始有了手淫的行为，严重时导致头昏、耳鸣、没力气，于是吃中药固精。强烈压抑住一段时间后，又是几个月的高频率手淫。这次感冒后，小 H 觉得身体极差，开始有了过度关注身体的症状。

在与父母的访谈中，咨询师观察到，妈妈很强势，显示出很强的控制欲，已然是家中当家的那个。爸爸一直表情严肃，紧张地、直直地坐在那里，一动不动，表现得非常克制和拘谨。只有当妈妈讲得不对的时候，会插上几句话，强迫性地更正到精准。爸爸认为儿子还是不错的，很乖的，如果能加强管理会更好。父母都表示为了高考的万无一失，会全力照看好小 H，除了在家贴身守护外，还想尽方法让小 H 把各种时间利用起来，严堵网络干扰……咨询师一边听着父母为了“看好”所做的“努力”，一边体会着一阵阵的窒息感。临走前，妈妈还发誓：“我一定会看好他!”咨询师感觉到，父母看小 H 的用力，和小 H 想尽一切办法找资料、关注自己身体的用力很像，父母越用力，小 H 的过度关注身体现象就越严重，学习成绩也下滑越厉害。

当咨询师把了解到的情况和原因反馈给小 H 时，小 H 也流露出想与父母分离、想长大的需求，但又不知道该怎么做。

澄心分析 >>>>

高考，对孩子将来的发展很重要，对于每一个家庭也很重要。越是这个时候，父母越需要思考，如何帮助这个去“战场”的孩子。像小 H 一家的做法，对彼此都很耗能，很不值得。高三的孩子本就有很大的学业压力，父母的焦虑会传递给孩子，更加重孩子的负担。表面上看，父母都在全身心地付出、陪护，但给孩子的压力也是巨大的。像小 H 这样的乖孩子，在没有任何“出口”时，只能用过度关注自己身体和手淫的方式去应对焦虑。所以，家长要做的是，在保障孩子的起居饮食外，尽量淡化高考的影响，充分地相信孩子，适当给予引导，多表现出轻松安心的情绪，这是高考孩子更需要的。

澄心建议

（1）青少年应认识到手淫对身心的危害。手淫会严重损伤身体与精神，因为这一行为消耗的是“精”，也就是与骨髓、脑髓相通的肾所收藏的人体的奉生之本、造血之源。过度耗精会导致骨髓空洞、脑髓不满，令人精神萎靡，学习、生活均受到影响。小 H 应减少对身体的过度担心，增加性心理健康知识的普及，远离淫秽信息，拒绝手淫，及时改正；同时进行一些放松训练与运动。鼓励小 H 做一些力所能及的家务，一方面可以缓解用脑紧张，劳逸结合；另一方面可以增强自理能力，为大学生活做准备。另外，养成良好的生活习惯，早睡早起。

（2）家长应减少对孩子的过度关注，请爸爸多陪伴妈妈，为妈妈分担一些压力，使妈妈的情绪得到缓解，减少在小 H 身上的注意力，以及对他的过度掌控。妈妈在亲子关系中退后一些，让爸爸更进一些。同时鼓励妈妈拒绝儿子陪着睡的要求，增强孩子对异性父母的边界感。减少过度保护，给孩子更多的自理锻炼机会。对孩子适度监管，充分信任孩子，与孩子协商自我约束规则，由管控到协管再到自我管理。针对妈妈情绪不稳定的情况，建议做个体咨询，或与爸爸一起做夫妻咨询。

被烦恼困扰的优等生

——过分追求完美的心理问题分析

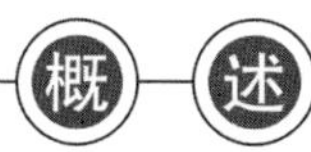

高二女生小Z，重大考试前经常会失眠，对自己的人际交往不满意，在班级中没有知心朋友，遇到问题时无人倾诉。经分析发现，优等生的心理困惑、心理偏差不容忽视，过分追求完美就是优等生最容易产生的心理问题，这容易导致对学习的焦虑、对生活的不满和与周围人相处的困难。

根据个案的情况，咨询师主要运用认知疗法，引导她认识和调整不现实的学习目标，正确看待成绩和名次；帮助她转变交往态度；帮助她意识到性格上过分追求完美的不合理性，学会包容和接纳。

成长的烦恼

一天，高二女生小Z来到了咨询室，说感觉学得很累，重大考试前经常失眠；此外，她表示自己人际关系一般，在班级中没有知心朋友，遇到问题时无人倾诉，对自己的人际交往感到困惑。

咨询师通过认真倾听并有针对性地引导话题而了解到，小Z家庭经济条件较好，父亲是一家小厂老板，父母关系不错，她与父母的关系也很好，属于“乖乖女”。家庭教育氛围比较民主，父母很关心、疼爱她，在学习上不给她施加太大压力。她自小学习成绩就很好，初中时学习成绩一般在年级一二名，进入高中后，成绩在班级第十名左右。学习目标是考上南京大学。小Z对自己要求很严格，对目前成绩不太满意，很想将名次再提前些，害怕被别人赶上，因此放弃了很多娱乐时间。

在人际交往方面，小Z觉得有的同学看上去不舒服，有的同学看上去很傲慢，有的同学好显示自己，有的同学胸无大志，只知道谈吃、谈玩。与人交往时，经常会像老师一样“教训”别人。

通过与班主任交谈了解到，小Z学习认真刻苦，对自己要求很严格，人际关系一般，与同学交往时有点自傲。在他们班，要想考入南京大学等重点高校，其名次必须要一二名，第十名左右基本没什么希望。

澄心分析 >>>>

通过直接与间接的了解，发现小Z的问题主要集中在两方面：在学习与考试方面存在过度紧张与焦虑，在人际交往上存在困惑与苦恼。造成她产生这两方面问题的主要原因有：

1. 学习目标定位过高

过高的目标（考上南京大学）不仅使她经常处在紧张、焦虑之中，而且使她对现实感到失落和失望，并且对已有的成绩和优势视而不见。有成就，却没有成就感。

2. 过于看重成绩与名次

目前教育中的一些不足之处容易使教师、学生过于看重成绩与名次。这样会使学生忽略学习的真正目的（学习的真正目的应是提高能力，更好地适应社会、造福社会），导致学习、考试过度紧张、焦虑。

3. 错误的人际交往态度

我们在与人交往时，交往态度会通过言行反映出来。人际交往态度可以分为以下四种：一是我不行，你行。文化成绩不太理想的同学容易有这种心态，这将影响对自己其他方面的判断，处处觉得低人一等，这种心态不利于人际关系的优化，易导致自卑性格。二是我行，你不行。文化成绩突出的同学容易有这种心态，处处觉得高人一等也不利于人际关系的优化，易导致自傲的性格。三是我不行，你也不行。这种心态易导致孤僻的性格。四是我行，你也行。既相信自己，也相信别人，这才是正确的人际交往心态，才有利于人际关系的优化，也容易形成宽容、易相处的好品质。

通过其自诉和侧面了解，咨询师认为小Z在与人交往时所持的是“我行，你不行”的心态，这是造成她人际交往苦恼的重要原因。

4. 过分追求完美的性格

小Z到心理咨询室求助，表面上看是学习问题和人际交往问题，但通过深入咨询，询问班主任，以及专业测试，发现根本问题是其“过分追求完美”的性格。如果咨询仅仅停留在学习和人际交往问题层面，而没有深入到“过分追求完美”的性格层面，那么，就不能从根本上解决问题，不能帮助小Z真正成长。

心理学上所指的过分追求完美是指把标准定得过高，不切合实际，而且带有明显的强迫倾向，要求自己或别人去做不可能做到的事的意识与行为倾向。

从某种角度来说，追求完美是一个人上进心强、严格要求自己的表现。然而，如果一个人硬要用完美的尺度去衡量自己，衡量他人，衡量周围的环境，衡量生活中的一切，那他肯定会常常生活在失望和痛苦之中。因为，完美是相对的，而不完美才是绝对的。

过分追求完美的倾向一方面表现为对自己的过高期望、过分要求，如总是要求自己把任何事情都做得尽善尽美，不能有一点疏漏。另一方面，过分追求完美倾向还表现在对他人和环境的过高期望。这种心理状态容易导致对生活的不满和与周围人相处困难。他们会对正常的生活环境和现象不能接受，不是抱怨周围同学素质低，就是埋怨环境、设施不如人意。

在小Z身上，这种追求完美的倾向表现得非常明显，已成为其性格的组成部分。如小Z说：“我从小学习就好，学习也很认真，经常考第一、第二名，年年拿奖状；我很听父母、老师的话，属于‘乖乖女’。”“我有很强的自制力，例如我从不会一边走路，一边吃零食，因为我觉得那不雅观。”“我看不惯宿舍的大部分同学，觉得他们有的自傲，有的邋遢，有的自理能力太差。”

澄心建议

1. 建立良好的家庭生活关系

良好的家庭生活关系是心理咨询做成功的关键，同时也是咨询能够持续下去的保证。

2. 引导其自我宣泄

宣泄出不良情绪，转变错误认知，有助于减轻压力，也有助于建立良好咨询关系。

3. 放松训练，失眠防治

放松训练一共有三种方法，即深呼吸放松、紧张放松和想象放松。时间充裕时可完整地做这三个放松训练；时间不充裕时可多做几个深呼吸放松。深呼吸放松的要领：吸气要深，同时感到身体被向上拔，呼气要慢，同时身体有松弛的感觉。紧张放松的要领：先体会身体肌肉的紧张，再体会紧张的消除，即放松状态。想象放松的要领：想象的情景应使自己感到愉悦、放松，想象力越丰富，效果越明显。

4. 运用认知疗法，改变其错误认知和不合理信念

小Z学习、考试过度紧张、焦虑以及人际交往上的困惑和错误认知与不合理信念有很大关系，因此，咨询后期的重点主要是改变其错误认知和不合理信念。

（1）正确看待成绩和名次，树立事业意识。

应意识到学习是一种成长、一种乐趣。学习的过程比结果更重要，有什么样的过程，就会有什么样的结果。考试，甚至高考的成功仅仅是

学习厚积薄发的一种回报而已。为了事业而奋斗、拼搏、吃苦是一种高尚的享受，而不仅仅是为了成绩、名次，也不仅仅是为了将来有好的物质基础。

（2）认识到人际交往的错误态度。

与人交往时，“我行，你也行”的心态既能维护自己自尊，又能维护别人自尊。

每个人都有自己的优势，哪怕是学习不好的同学，也有其他方面的优势。只要他能充分发挥自己的优势，就有可能在社会上做出一番作为。因此，不能因为某些方面比别人强，就瞧不起别人。

（3）意识到性格上的缺陷（过分追求完美），学会欣赏他人。

学会欣赏他人的第一要则是接纳，包括优点与不足，了解自己的性格特征，做切实可行的努力。要认识到世界上不存在十全十美的人和事，要学会肯定自己，少与他人攀比。

经过前期的辅导后，小Z通过放松训练，晚上睡眠转好；通过后期的认知疗法，她认识到自己学习累、考前失眠以及人际交往的困惑的真正原因，并且通过积极的行动来改善现状，取得了较好的结果。

青春期不可言表的秘密

——如何应对自慰行为?

正值青春期的小 W 在身体变化的同时，出现了一系列的心理变化，在缺乏有效引导的情况下影响了身心健康。在访谈中，咨询师帮助孩子理解身心的变化以及朦胧的性意识，重建自我认识，正确看待他人的目光和期待。建议父母正视孩子青春期的性心理发展，积极引导和沟通，帮助孩子成长为能够自我接纳与欣赏的个体。

成长的烦恼

在青春期孩子的成长中，有一个十分重要却往往被忽略的事实——孩子开始有了性意识。最开始，他们会意识到自己身体发生的变化，除了身高、体形外，最重要的变化是生殖器官的发育。女孩会有月经初潮，而男孩会经历精子初现。与此伴随的，就是他们性意识的萌芽。他们会开始关注他人是否有和自己一样的身体变化，可能感到欣喜，可能对此困惑，可能毫无准备，以至于忧心忡忡，不知所措。有时，他们甚至连自己为什么感到困扰都不清楚。

小 W 就是这样一个来访者。他于中考后的暑期在父母的陪同下来到咨询室。他虚弱地倚靠在沙发扶手上，面部表情十分痛苦。咨询师询问他是否身体不适，他微微点了点头，似乎连说话的力气都没有，于是他的父母代他开了口。

原来，小 W 在准备中考期间，出现了一系列情绪变化，易怒，焦躁不已，父母认为是学业压力过大所致，没想到，中考之后，情绪不仅没有得到改善，还似乎变本加厉，甚至开始有了一系列的身体不适感，父母带着他多处求治服药，效果甚微。终于，有医生建议带他去进行心理咨询。

随着咨询的深入，咨询师渐渐了解到：小 W 是一个敏感又懂事的孩子，自小他就努力按照父母的期待，用功学习，不迟到，不早恋。但是，有一件事情让他感到失控了，那就是自慰行为。他从初一开始，就偶尔会有自慰行为，到了初三，这一行为渐渐增多起来。他既担心被父母发现，责怪自己，又恐惧这一行为会伤害身体，同时，还控制不住自己的自慰行为。也是在这时，他受到一些书籍和网络上"适度手淫无害论"的误导，不仅戒除不了，而且次数增多，就这样，他变得身体虚弱，脸色晦暗，打不起精神。

就此，小 W 的烦恼浮出了水面。他对于青春期发育时可能经历的身体变化和心理变化是懵懂的，他无法通过有效的方法克制自己，以至于脑力、体力下降。

澄心分析 >>>>

很多青春期孩子没有受过性教育，无论是在学校还是在家庭中，大部分都是羞于谈性的。因为老师和父母在他们的成长过程中，也没有接受过性教育，所以，即便他们认为性教育是重要的、必要的，也往往不知道该从何谈起。何况，很多孩子本身对此也有抵触心理。

父母平时无意中表露出的对于性的态度，在潜移默化中会影响孩子的性态度。孩子会学习并模仿父母对人、对事的态度和行为方式。如果父母对性的态度是避而不谈的，当孩子遇到与此相关的困扰时，多半不会向父母求助。就像小 W，他感到自己的行为会让父母不高兴，尝试克制又不知方法，对网络上说的“适度手淫无害论”没有正确的判断，手淫没有得到控制，影响了身心健康。手淫行为具有高度成瘾性，一旦成瘾，很难克制。对于危害身心的行为，即使只有一次，也是有害的，何来“适度”之说？

“少之时，血气未定，戒之在色。”孔老夫子在两千多年前已经有了明训。古人所谓“手淫无度则伤精”，这里所伤的“精”指的不仅仅是精液里的营养物质，更重要的是损伤人体的生机，即生命力，所谓“一滴精十滴血”，合成一滴精和合成十滴血所需要的生机是等同的，非常宝贵。因此，正处于青春期发育中的青少年应节欲保精，以保存生机，不轻易丧失生命力，身心才能健康。身心是不二的，心理影响生理，生理反过来也会影响心理，很多心理疾病与生理都有着密切联系。如果小W能戒除手淫，养成早睡早起的好习惯，内心转变，配合药剂与饮食调养，就可以慢慢恢复。

澄心建议

1. 父母应既关注孩子的身体健康，也关心孩子的心理健康

性教育，应既关注孩子的生理卫生健康，同时也关注孩子性心理的健康发展。这将关系到一个孩子如何看待自己的身体发育和成长变化。有些女孩能够坚持在校一天都不换卫生巾，只因她们害怕被发现，羞于承认自己身体的发育。因此，父母应积极引导和沟通，帮助孩子正确面对青春期身心的一系列变化。

2. 敢于面对而不回避这一阶段的挑战

很多父母担心孩子一旦接触与性相关的内容，就容易“学坏”，然而，父母要知道，就目前接触各种信息的便捷性与广泛性来说，堵不如疏。也就是说，当孩子到了想要了解性的年纪，他必然有非常多的途径和办法可以获得，所以，与其让孩子接触可能是错误、片面的信息，不如以开明的态度，和孩子谈谈性。

3. 和孩子一起成长

面对青春期的这一挑战，父母可能和孩子一样，充满压力和困惑，不知道该以怎样的方式来引导并帮助孩子。一方面，父母希望孩子获得身心健康的发展，另一方面，迫于紧张的学习节奏和高度的升学压力，又无法做到从容轻松地应对。这需要父母协助孩子找到平衡点。父母表现出来的和孩子站在同一战线的态度，是孩子心理成长的重要养料。

（1）对于自身缺少性知识的父母，应及时了解青少年时期孩子可能经历的生理和心理变化。

（2）鼓励孩子多说，倾听孩子。

了解孩子，是帮助孩子的前提。当父母愿意倾听孩子的需要时，孩子也将更加愿意遵从父母的引导。孩子不愿听从父母的原因，往往是认为父母并不理解他们。

4. 认识到过度手淫的危害，逐步戒除手淫，开启新的人生之路

手淫并非不可克制，只要有坚定的信心与正确的方法，通过努力，一定可以彻底戒除。

（1）远离污染源，多学习中国传统文化。

强戒盲戒的成功率是不高的，应充分认识到手淫的危害，远离黄色网站，以及不良视频和读物，平时多学习传统文化，培养健康的兴趣爱好。

（2）锻炼身体。

可以尝试跑步、足球、篮球等独立或集体运动，以毅力与自律对抗手淫。

（3）饮食调整。

多吃水果和蔬菜会加速身体的恢复，减少性冲动。

（4）帮助别人。

去帮助那些比自己还不幸的人吧，帮助他人就是在帮助自己，利

他、无私的力量会让人感受到生命的意义。如果经常关心社会、关心有意义的事情，比如环保、节约能源、关爱弱势群体等，好心情也会自然而来。

（5）要有耐心。

戒手淫需要努力和投入。真正决定能否成功的是你能不能在每次跌倒时站起来，拍拍尘土，继续前进。必要时给自己设立奖励机制，以鼓励自己。

（6）寻求外界帮助。

戒手淫论坛、中国反色情网等专业网站，对于手淫的危害、戒除以及身体恢复等问题说得非常专业、全面，认真阅读会对戒除手淫很有帮助。

“我没有妹妹，我不要上学”

——多子女家庭中关爱不足所致的拒学案例

小 B，女，13 岁，初二，有一个妹妹，比她小两岁，一家四口生活在一起。因两周前小 B 开始拒学，医院诊断为中度抑郁，而被父母带到咨询室来。咨询中，咨询师发现，小 B 的情绪点都跟妹妹有关。她讨厌妹妹，自述自己耿直，妹妹圆滑，常因妹妹而被爸爸、妈妈训斥，甚至被爸爸打。小 B 希望能够得到父母更多的关爱和肯定。在多子女家庭中，存在同辈竞争的情况，父母应根据子女各自的特点，给予恰当的关爱。在一个家庭中，每个成员都应该被理解、被关爱。

成长的烦恼

初见小 B，瘦瘦的，黑色的大框眼镜后面是一双灵动的眼睛，眼神中透露着笃定和期待。小 B 爸爸看上去是一个非常严肃的人，不苟言笑，小 B 妈妈是一个有些焦虑但愿意表达的人。

小 B 自述，在初一的时候，班级的氛围很好，自己的成绩也很好。初一下学期因为一次考试没考好，被分到了普通班，这是小 B 抑郁的原因之一。小 B 在普通班里的成绩很好，新班主任对她抱有很大的期望，委以重任，任命她为班长。一向对自己要求很高的小 B 担任班长后，面对新班主任的期待和班级管理工作，压力又增加了一层。

爸爸说小B的作息时间有问题，原来都是晚上做作业，自上学期以来，小B晚上只做一点作业就睡觉，说早上做作业更有效率，但早上的时间有限，每次上学都变得很匆忙，有时时间把握不好作业就会做不完。有几次做不完作业的经历后，小B开始有些紧张，晚上睡觉也睡不好，担心早上会来不及做作业，但又不愿意调整这个作息时间。做不完作业，作为班长，很难交代，会让新班主任失望，这样一来二去，小B就不想上学了。

小B的问题表面上呈现的是拒学，实际却不是那样简单。咨询师问小B:“这样的作息时间，使家里发生了什么变化?”小B说：“早上爸爸开车送我去上学了，以前是我坐公交车去上学的。”咨询师问：“为什么爸爸会送你去?”小B说：“爸爸自己晚上贪黑是可以的，但他不能起早，当他看到我每天起早的时候，认为我很辛苦，就主动要求送我上学了。”咨询师回应道：“嗯，爸爸很心疼你，看来，早上做作业是有好处的，得到了爸爸的关注和优待。”小B笑了。

每次咨询的时候，妹妹都会跟着来，咨询师观察到，妹妹和父母很亲近，小B则像个局外人。小B说：“去年与爸爸吵了一架，爸爸打了我，打的是头，说要打死我。我比较犟，妹妹比较圆滑，爸爸一直说，老大要让着小的。”说完小B的眼泪流了下来，继续说妹妹当面一套背后一套，她经常因为妹妹而被爸爸、妈妈训斥，甚至被爸爸打。小B说：“有一次一家人开车出游，在车里，妹妹踩了我的脚，我喊了一声，爸爸听到了说‘碰了一下又怎么啦!’我非常委屈，默默地流泪。还有一次，我把妹妹玩具弄坏了，无论怎么道歉妹妹都不饶。”听完小B的叙述后，咨询师问：“如果让你重新选择一次，你希望继续做姐姐，还是做妹妹呢?”小B说：“宁愿当一个滑头的妹妹，也不想当这个老大了。”

澄心分析 >>>>

针对小 B 的家庭情况，咨询师分别让小 B 和小 B 的父母做了《家庭功能量表》和《拒绝上学行为评估量表（少儿用）》和《拒绝上学行为评估量表（父母用）》。测试做下来，呈现出了不少问题。爸爸说：“现在的孩子不能吃苦，我作为一名企业的管理者，在带‘90 后’‘00 后’的员工，对他们非常有意见，他们遇到了问题，只会讲自己的困难，不会花心思想怎样去解决这些困难，没有责任心。”爸爸希望小 B 不要像他的员工一样，怕吃苦，不坚持，所以，在小 B 很小的时候就严格要求她，教育她不能太娇，要有责任心，要有解决问题的能力。现在的小 B 认同了爸爸的观点，对自己要求很高，希望自己能够满足爸爸的期待。听了爸爸的话，咨询师总结道：“听起来，爸爸不像是在养孩子，更像是在带兵。”爸爸羞涩地笑了。《家庭功能量表》反映，爸爸的情感表达是有问题的，会讲道理，却很少表达感情。爸爸认为自己是一个男人，工作上的情绪不便对自己的妻子和女儿表达，只有压抑着，压抑到一定程度时，就会爆发，而爆发的直接受害者就是家人。当爸爸表达自己对“00 后”这一代的看法时，小 B 非常不认同地用手里的小蝴蝶点点指指爸爸，表示她的抗议。当咨询师指出爸爸在情感表达上需要加强的时候，爸爸说：“小 B 确实是非常好的孩子，可是我从来没有在女儿面前表达过对她的肯定。”听到爸爸这样说，小 B 的眼泪再也止不住了。

很明显，小 B 的厌学情绪来自两方面：一方面，对自己的要求过于严格，追求完美，这给自己增加了很多焦虑情绪；另一方面，在家里，父母对自己和妹妹的态度是完全不一样的。小 B 希望能够得到父母更多的关爱和肯定，得不到父母的肯定时，就开始厌学。

几次咨询后，咨询师问小 B：“爸爸、妈妈和以前相比，有什么变化吗？”小 B 说：“他们不容易那么生气了，也不逼着我做事情啦！”小 B 脸上的表情比以前轻松多了。

澄心建议

像小 B 这样双子女的家庭，在二胎放开的今天已不少见。小 B 作为老大，承载了很多父母的期待，性格忠诚、耿直、老实。妹妹作为老二，更会讨巧，更会赢得爸爸、妈妈的怜惜和保护。而父母如果不分事情的缘由就要求大的让着小的，就会让老大心生委屈和不满，同时也助长了老二的任性。所以，应根据孩子不同年龄段的特点和性格差异，给予正确的对待和回应。

（1）增强父母功能，对子女合理期待，根据子女各自的特点，给予恰当的关爱。

（2）爸爸面对工作压力时，可以通过与妻子沟通互动分解压力，获得支持和理解。适度运动，做一些自己感兴趣的事情，适时舒缓情绪。

（3）小 B 应放松心态，当自己犯错时，要接受自己的不完美，为自己的追求去努力，而不是为了父母的期待而活。

抑郁，孩子别无选择

——孩子成为夫妻关系的牺牲品

小C，18岁，高三，独生女，是重点学校重点班的好学生，高三上学期开始出现厌学、拒学现象。其父母共同经营一家装潢公司，白手起家，从一个小门店做到了如今的规模。父母创业很忙，夫妻间还经常吵架，甚至动手，很少照顾到小C。夹在中间的小C痛苦不堪，孩子成了夫妻关系的牺牲品。

成长的烦恼

高三上学期开学第一天，在学校门口，小C拒绝进校，和爸爸起了冲突。小C情绪很激动，被妈妈带去看精神科医生，医生说小C只是有些抑郁和焦虑，建议做心理咨询。就这样，她们来到了咨询室。

咨询中了解到，小C在三个月前曾去过另一家咨询机构。第一次咨询是一家三口一起进行的。爸爸认为女儿没有问题，自己也没有问题，有问题的是妈妈，在咨询中途，爸爸气愤离开，几分钟后，小C也哭着跑出了咨询室。就这样，咨询的后半场变成了妈妈一个人的咨询。这个特殊的咨询经历，使咨询师有了警觉。

咨询师打破了初始咨询的常规方式，全程跟随。随着咨询的深入，咨询师发现小 C 的问题远远没有表面呈现得那么简单。

由于服务行业的特殊性，小 C 的父母没有太多的时间陪小 C，小 C 8 岁前寄养在亲戚家里，周末回家。小学二年级后，小 C 搬回与父母同住，爸爸好喝酒，妈妈好打麻将，各自又有了婚外情，经常吵架、动手，甚至妈妈会被爸爸打得流血。晚上常常是小 C 一个人在家，房子很大，小 C 经常一个人默默地流泪。小 C 从小就没能得到父母的关心，觉得自己还不如生意和麻将重要，甚至有过轻生的念头。上了高中后，随着学业压力的加大，那种童年不被关心和重视的感受常被唤起，使小 C 的情绪难以控制。

小 C 从小学习很好，小学保送重点初中，中考考上了重点高中重点班。小 C 很要强，高一上学期拼命学习，连上厕所都觉得是在浪费时间，成绩一度排在班级前 5 名。初三时的节食使小 C 闭经数月，不得不在高一下学期从住校改成走读，在家里吃住的条件有利于小 C 身体的恢复。但这加重了小 C 的焦虑，她开始担心作业做不完，学习时间比同学少。高一下学期起，妈妈的生意相对稳定，尽管还是很忙，但妈妈开始有意地弥补陪伴女儿少的遗憾。妈妈自述，一想到小 C 要回来度周末，自己就很紧张焦虑，怕陪不好女儿，怕女儿发火，甚至还出现了恶心和呕吐的现象。

通过一段时间的咨询，小 C 有了明显的好转，但父母的关系加上高考的压力，使小 C 还是有些焦虑，咨询师建议小 C 一家做家庭治疗。

在家庭治疗中，咨询师发现，妈妈焦虑而强势，爸爸玩世不恭。从大量的肢体语言可以观察到，父女贴得很紧，妈妈有很强的控制欲，希望通过强势与爸爸争夺女儿。从小缺乏陪伴的小 C 夹在中间，不知何去何从，这种内心冲突的状态引发了心情的抑郁。

澄心分析 >>>>

小 C 是一个缺乏被父母关注的孩子，父母忙于各自的工作，实际上是他们相互对不良情感关系的回避。这种回避导致了父母虽然爱孩子，但阻碍了对孩子爱的表达。在这种状态下，孩子很难在真正意义上体会到父母的爱。

澄心建议

(1) 应加强家庭关系互动。

(2) 建议做夫妻咨询或是家庭咨询，打破家庭的固有模式。

(3) 增强孩子的自我力量，让孩子真正走向成熟和成长。

青苹果的羞涩

——论青春期“早恋”现象

小E同学升学后不适应新环境，又由于父母的不理解导致成绩越来越差，还出现了“早恋”的情况，让家长十分担心。青春期性意识萌芽需要理性看待，父母此时应该多关心和爱护孩子，给予性心理健康教育，理智地给予引导和疏通。

成长的烦恼

小E是个活泼好动、表现力很强的初二女生，喜欢唱歌、演讲。在小学时各方面表现突出的她，上了初中之后，成绩却一落千丈。因此小E与父母前来寻求帮助。

通过与小E谈话，咨询师了解了大概情况：小E有一个好朋友小L，在初一时两人就是同学，有着深厚的友谊。小E刚进入初中就表现出无法适应的状态，在激烈的竞争中，她不再是以前那个“集万千宠爱于一身”的佼佼者，这对她来说已经非常苦闷，可是心急的父母此时还给她加压，要么不说话，要么只要说话就离不开学习。小E觉得和爸爸、妈妈无法交流了。这时，同班的小L耐心地帮助小E解决学习上的问题，渐渐地，小E觉得有了依靠，她的苦闷、心事有了倾诉的对象。时间一久，两人变成了交心的朋友，形影不离。升上初二后，小 L 向小 E 表白，两人便在一起了。父母知道这件事后狠狠地训斥了她，还没收了她的手机，小 E 便以拒绝上学、绝食表示反抗。

观察、了解到小 E 早恋的情况后，咨询师正面说理，用启发诱导的方法，指出早恋的危害，教育小 E 把自己的苦恼告诉自己最信赖的人，或用写日记的方法来减轻心理压力。充实自己的生活，多参加集体活动，把自己放到集体当中去交更多的朋友，使生活变得丰富多彩，把主要精力集中到学习上。

澄心分析 >>>>

早恋，是每个家长心中的一根刺。小时候家长告诉我们，学习是最重要的事情，早恋会影响学习，家长对待早恋常采用“打压”的方式，使得孩子内心压抑，缺乏与异性正常交往的经历。

早恋的类型可以归纳为下面 5 种：

（1）爱慕型。这类青少年由于互相爱慕而产生早恋。这类早恋比较多见，而根据爱慕原因的不同，又可分为几类：①仪表型，这类早恋是由于爱慕对方外在的仪表而产生的，也是最常见的，但难以持续和稳定。②专长型，这是由于爱慕对方的某项自己崇尚的能力或专长而产生的早恋。③品性型，这类早恋是由于爱慕对方的某些自己崇尚的品性而产生的，相比较而言维持得比较长久。

（2）好奇型。因为对异性存有好奇心而产生早恋。性意识发展会使青少年产生对异性身体、生活、心理的好奇，这时青春期青少年会为了满足这种好奇心而结交异性朋友。

（3）模仿型。模仿社会上、影视作品和报刊书籍中的行为而产生的早恋。

（4）补偿型。一些青少年在学习生活中遭受挫折，内心痛苦，为达到发泄目的，会与异性交往，希望以这种方式忘掉痛苦，谋求补偿。

（5）逆反型。由于社会意识和舆论的因素，青少年的异性交往常得不到家长、老师的认可，容易诱发其“你们不许我这样做，我偏要这样做”的心理，使正常的异性交往迅速向早恋发展。

在青春期对异性产生朦胧的好感，是每一个人都会有的经历，所以，我们在面对这个问题时，不能把这种倾向过早地定义为早恋，需要根据情况进行妥善处理。

澄心建议

发现孩子在早恋，只能疏不能堵，可以坐下来和孩子谈谈心，问问孩子谈恋爱的目的是什么。人总得为自己的行为买单，当孩子发现这个时候不适合恋爱时就会知难而退。同时，家长要及时给孩子做好性心理健康教育。

家长要给孩子一个温暖的家，给孩子一个属于自己的港湾，多鼓励孩子，理智地给予引导和疏通，切忌对孩子冷嘲热讽，说一些过激的语言，以粗暴的态度训斥孩子，只禁不导，限制孩子的交往活动和范围或是体罚、压制孩子。尤其是在早恋的火苗已经出现之后，任何的打压都会火上浇油。正确的对策与思路，应该是退一步，先给予承认，在不激化矛盾的前提下寻找教育和疏导的机会。在遇到波折、感情转移、争吵、分离等情况时，孩子容易产生偏激行为，如殉情、离家出走、恶性报复、患忧郁症等，家长应密切关注，及时求助社会支援。

不管孩子在早恋问题上走出了多远，家长都应该牢记，不能出于愤怒、失望而选择放弃对孩子的爱和关心。孩子进入青春期后，如同一叶扁舟进入水流湍急的河段，处在波峰浪谷中的孩子更需要得到家长的爱、呵护、陪伴与引领。

“我真的那么没用吗？”

——一例考试焦虑心理问题的处理

对自己要求很高且成绩一直很优秀的一位女生，由于连续两次考试失误，导致了一系列不适的身心状态。经过家庭咨询，判断出她属于考试焦虑的一般性心理问题。咨询后，经过一系列的干预方案，她的焦虑情绪得到明显改善，并顺利通过了中考，咨询取得了良好的效果。

成长的烦恼

一位初三的女孩小 M 在父母的陪同下来到了咨询室，咨询师对他们进行了访谈。

妈妈说：“我家孩子以前学习可认真了，成绩从小到大在班上名列前茅，经常被评为三好生。不知道为什么，进入初三之后，第一学期有一次月考和期中考试没考好，孩子情绪就变得不稳定，成绩下降，出现厌学现象。特别是最近两个月，时而脾气暴躁，对父母大吼大叫，时而沉闷无语，对什么事都提不起精神。再过几个月就要中考了，现在真不知道该怎么办才好。”

爸爸说：“孩子自己比较追求完美，好胜心强。从小妈妈管得多，对孩子要求也很严格。进入中学后，我发现孩子对自己的要求太严格了，太要强了，对考试成绩特别看重，比不过别人就有点郁郁寡欢。我希望她能够放松些。”

咨询师侧过身面向小M，询问道：“你能说说你的困扰吗？”

小M想了想说道：“进入初三以后，作业越来越多，压力越来越大，虽然每天都非常努力地去完成各科的作业，但是常常写着写着就开始发呆，作业总是做不完。最近几次考试，成绩不理想，其中理科成绩更是在班里垫底，多次被老师批评以后，自己感觉提不起学习的劲头，总觉得自己很笨，很没用，学什么都不会。看着父母为自己的付出，心里很内疚，可是又忍不住向他们发脾气；想要安心学习又完全学不进去。感觉自己进入了恶性循环，状态越来越糟糕，胃口不好，晚上又睡不着，夜深人静的时候常常会伤心落泪，可又无法控制自己的情绪。”

澄心分析 >>>>

小M的情况是考试焦虑的一般心理问题，其症状未超过2个月，未出现明显泛化，学习效率略有下降，但不影响正常学习，与同学的人际交往也暂时未受影响。孩子从小受母亲严格的教育，也内化了对自己的过高期待和要求，当自己不能满足这些过高的要求和期待的时候，就形成了强烈的内在心理冲突，无法自行缓解内心的焦虑情绪。

小M为什么会内化父母对自己的要求呢？每一个孩子都希望得到父母的认同和赞美，他们会尽全力去满足父母的期望，渐渐地这些过高的期望就变成了他们对自己的要求，这就形成了内化。当达不到这些要求时，孩子就无法接受自己，从而产生内心冲突，发生各种问题。所以在教育中，家长应给予孩子积极关注，让孩子体会到来自父母的信任，让孩子自己接受学习和生活中的挫折，并从挫折中走出来。

澄心建议

（1）家长要接受孩子成绩下降的现实，保持情绪的稳定，不要过多指责和要求孩子，逐渐地让孩子体会到家长的关爱。

（2）根据母亲对孩子过度关注的情况，建议父女之间进行更多的情感交流，以转移母亲对孩子的焦虑。

（3）在目前情况下，对于做不完的作业适当少做，建议增加睡眠时间，以跳出以前的恶性循环，提升上课效率，形成良性循环。

（4）孩子和父母应调整对考试的认知，正确地看待考试。

“我不上学了，因为我要当作家”

——一个高中生自我同一性失调的案例

一位想成为作家的高二男生辍学在家，父母十分焦虑，前来咨询。经分析，这是属于青少年在成长过程中发生的自我同一性失调问题。咨询过程中，来访者进行了自我的整合，心态得到了调整，恢复了正常的学习。

成长的烦恼

小 F 是一位高中二年级男生，平时成绩优秀，再过一年就要参加高考了。最近小 F 不想去上学，整天待在家里写小说，除了吃饭、睡觉，就在家里奋笔疾书。小 F 觉得自己可以像韩寒那样成为一名作家，并以此养活自己。

这位高二的学生身材比较魁梧，他明确地告诉咨询师，上学没有什么意义，他想成为一名作家，说话时语气和表情都显得非常自信。

在与父亲和小 F 的交流过程中，小 F 表现得似乎没什么烦恼，真正感到烦恼的是他的父母。他们为孩子的前途深感担忧，他们再三表示，并不反对孩子成为作家，但希望孩子能够像其他孩子一样正常上学，参加高考。他们也支持孩子将来选择文学方面的专业，成为作家，但小 F 在高二就辍学在家写小说让他们无法接受，孩子却对此感到无所谓，就这样形成了非常强烈的冲突。

小 F 学习成绩很优秀，很喜欢读书。他的理想是成为像韩寒那样的人。在高一的时候，韩寒的文学作品他全部都读过了，自认为语文功底非常不错，学数理化是在浪费时间。渐渐地，他不愿意上学了，想在家里看书、写作，目标是成为一名作家。他经常拿自己写的文章去投稿，也会在网上发表一些文章，但是，他所投的稿件都被编辑退回来了，在网上所发的文章，也没有获得自己想象中的赞誉。慢慢地，小 F 发现现实中的自己和理想中的自己存在着很大的差距，这让他感到很迷茫。

在家庭中，小 F 的父母关系并不好，认为他们对自己的要求过于严苛。在学校，小 F 与同学的关系也不好，与同学有一种疏离的感觉，这使他内心感到很孤独。

澄心分析 >>>>

在这个案例当中，小 F 属于埃里克森所说的自我同一性失调的情况，这是青少年时期的学生很容易遇到的一种社会心理危机现象。主要原因是青少年内心有强烈的成人感，但是在心理方面、社会阅历和社会功能方面，都还处于比较幼稚的状态，这在他们内心形成了一种冲突，在这种冲突中，他们不断地整合着自己，如果整合得好就产生自我同一性，如果没有整合好，就产生自我同一性失调。

小 F 处于一种混乱的状态，外在的表现是自己想成为一名作家，并且对于自己作为一名学生应该学习知识这一点采取了忽视的态度。在想做一名作家的自我和一个客观现实的自我（即一名学生的自我）中产生了冲突。产生这种冲突的孩子，大多有相类似的表现，比如，人际关系不是太好，得不到社会的支持。他们在人群中常常显得孤独，情绪常常处于一种波动的状态，对自我的评价在内心深处是不高的。这也和父母对孩子有过高的期望有关，当这种期望与现实不相符的时候，就会在孩子的内心形成冲突，这种冲突如果没有得到整合，同一性失调就出现了。

澄心建议

当处于同一性失调时，孩子需要更多地接触社会，避免自己陷入孤独中，或沉浸于内在自我的恶性循环中，造成自我的分裂。多鼓励孩子与他人建立友好关系，家长应理解孩子，而不是指责孩子。

当孩子出现这种情况的时候，可以寻找心理咨询师的帮助，或者找他所认同的人进行比较深入的交流，从而反省自己，对自己进行合理的评估。

如何看待青春期偶像崇拜现象？

什么是青春期偶像崇拜？>>>>

偶像崇拜通常指对某个或某些人物、图像或物体的崇拜。偶像崇拜是当今青少年精神生活的重要内容。以中学生为主体的青少年，常常把影视明星和游戏、卡通明星作为自己的偶像。追星族们对于其心中崇拜的偶像极度喜爱、热情，有的甚至到了狂热、执着和痴迷的程度，常常导致某些偏激事件和消极后果，这些现象引起了家长、老师、社会的忧虑。偶像崇拜是对自己所仰慕的对象的尊重与钦佩，这种钦佩可以在青少年三观形成期引导人生的走向，也有着积极向上的一面。

为什么会出现青少年偶像崇拜呢？>>>>

1. 自我意识的发展与社会认同的需要

青少年时期是自我意识产生和发展的关键时期。所谓自我意识，就是指个人能够觉察到自己的存在，以及对在社会交往过程中，自己与他人所形成的关系的判断。在这一过程中，个人需要寻找一种参照物来衡量自我意识的发展程度。根据马斯洛的需求层次理论，人类都有自我实现的需要，这是一种较高层次的需求。青少年在自我实现的过程中，个人需要一种榜样力量来帮助自己提升社会认可度。因此，偶像就变成了青少年模仿和学习的重要对象，他们通过学习偶像身上的某些特质和行为方式，来使自己具备这些品质，做出相似的行为，以此获得更多的社会认同以及自我认同。

2. 心理归属的需要

这时期的孩子逐渐与父母或主要抚养人疏远，寻求属于自己的成长空间。但他们在潜意识里对于父母或抚养人的依恋是无法割舍的，这就相当于情感上的又一次“断乳期”。青少年需要去寻找新的对象来代替情感上对于成人的依恋，偶像在某种程度上来说就相当于成人的“替代品”。青少年通过对偶像的崇拜与仰慕来填补内心的空虚，在偶像身上寻求一种认同感和归属感。正是这种移情的方式，有效地满足了青少年寻找心理归属感的需要。

3. 从众心理的影响

这一时期的孩子大多数时间都是在学校里和同龄群体生活在一起，同时，他们心智发育尚未成熟，缺乏对事物的判断能力，因而行为方式和价值观念极易受到群体的影响。许多青少年会在周围同学的带动下，跟随别人一起崇拜偶像。

4. 满足性冲动，这是精神分析学派的观点

弗洛伊德的精神分析论认为，性本能是人类生命力的根源。青少年时期，生理走向成熟，心理已经开始进入“生殖期”阶段，此时正是性冲动逐渐开始变得强烈的时期。青少年的偶像崇拜行为是一种性冲动转移的表现，他们通过这种非现实的情感体验来满足自己的性冲动。

如何应对青春期的偶像崇拜现象？>>>>

（1）改善中国榜样教育现状，树立名人榜样示范模范。

（2）改进和加强学校德育，科学引导青少年的偶像崇拜。

（3）加强文化市场的管理与建设，为青少年的成长提供积极健康的精神环境和网络环境。

如何度过第二逆反期?

什么是第二逆反期? >>>>

心理学界认为，人的成长过程中，共有两次典型的逆反心理阶段，通常把青春期的逆反心理阶段称为“第二逆反期”。它表现为青少年对一切外在的强加力量和父母的控制予以排斥的意识和行为倾向。

为什么会出现第二逆反期? >>>>

青春期少年的生理急剧变化，性机能迅速成熟，第二性征出现，他们认为自己已是大人，欲与成人平等，摆脱成人监护，独立安排自己的生活和活动，但因生理发展过程尚未完成，心理上还保留着许多童年期特征，如固执己见，是非界限不清，缺乏正确全面的择友标准等。故成人容易看到其不成熟之处，仍视其为儿童，两者易发生矛盾冲突。

逆反期是儿童和青少年心理发展过程中的正常现象，是发展性现象。它出现在人生发展里程中的两个具有“里程碑”意义的转折期。逆反期阶段能否较为顺利地度过，能否减轻挫折和危机，对他们后续的发展至关重要。尤其是处于第二逆反期的少年，这一时期是他们一生发展的鼎盛时期，对外在环境的作用非常敏感。因此，父母、老师的理解和帮助非常重要。

如何应对第二逆反期？>>>>

（1）父母要认识和理解逆反期对未成年人心理发展的意义。为了更好地认识逆反期现象，需要了解未成年人心理发展特点，学习有关知识并将其转化为自己的认识。

（2）父母要正确面对未成年人逆反期这一客观现实。逆反期是大多数未成年人都要经历的，不能存在侥幸心理，也不能被动应付。要事先做好思想准备和知识储备，提前调整对待孩子的方式，使关系和谐，做能够平等沟通的朋友，为下一步打下良好基础。

（3）父母要理解青春期少年多重矛盾的焦点所在。青春期少年的生理发育使他们产生成人感，这只是心理上、自我意识中的成人感，而现实中，他们心理发展水平并未成熟。从这个意义上来说，他们对自我的认识超前。而父母只把他们视为尚未发展成熟的儿童。从这个意义上说，父母对儿童的认识滞后。一个超前，一个滞后，这种认识上的差距就成为双方矛盾的焦点。

（4）父母必须正视青春期少年独立自主的需求。正视他们在心理上的“独立自主”“社会地位平等”“人格受到尊重”的需求，是处理好亲子矛盾的关键。为此，父母需进一步端正科学的教育观。青春期少年本身是积极主动的学习者，不能视他们为被动的受教育者或被塑造的对象。对他们的教育应遵循双向互动、教学相长的原则，正视、重视孩子们成长中的需要，理解他们的情感和需要。

要建立积极正面的亲子关系。首先父母要明确，教育的目的是把孩子培养成一个独立的人，而不是满足家长虚荣心、延续父母意志的物品；其次要明白培养的唯一方式就是引发孩子自身的成长动力，让他有意识地自己去成长，而不是让他为了父母去成长。

在亲子关系的建立中，有“三条高压线”和“两个陷阱”是家长应该特别注意的。“三条高压线”分别是忽略孩子的存在和需要，破坏性地批评和教育，强迫掌控孩子的意志和行为，这些会极大地损害孩子的自尊心、自信心和独立意识，破坏亲子关系。“两个陷阱”是“有条件的关爱”和“输不起的心理”。

如何应对中学生考试焦虑？

什么是考试焦虑？>>>>

考试焦虑是面临考试而产生的一种心理反应，是以对考试成败的担忧和情绪紧张为主要特征的心理反应状态，包括考前焦虑、临场焦虑及考后焦虑三种情况。

在考试之前，当考生意识到考试对自己具有某种潜在威胁时，就会产生焦虑的心理体验，这是面临高考或中考的学生普遍而突出存在的现象。他们怀疑自己的能力，忧虑、紧张、不安，甚至记忆受阻，思维停滞，并伴随一系列的生理变化，如血压升高，心跳加快，面色变白，呼吸加快，大小便增加，出现坐立不安、食欲不振、睡眠失常等现象，从而影响身心健康以及考试的正常发挥。

为什么会出现考试焦虑？>>>>

考试焦虑本质上由考生对考试结果的担忧、恐惧而引发，实际上焦虑是人或动物对危险情景的一种自然反应。心理研究的结果早已证明，适度的焦虑有利于发挥自己水平，毫不焦虑的学生反而容易“大意失荆州”，而过度焦虑的学生则会对自己形成一种抑制作用。

引起焦虑的因素 >>>>

考试焦虑是对考试的一种特殊心理反应，它受以下因素的影响：

（1）主观因素。自我期望过高，但知识准备和应试技能不足，自信心不足。

（2）客观因素。父母、老师施加的压力以及同学之间的竞争。

（3）意志问题。不能有效地进行自我心理调节，情绪波动大，难以受理智控制。

克服考试焦虑的方法 >>>>

1. 系统脱敏

系统脱敏是一种分等级面对焦虑的场景，同时进行身心放松，达到消除焦虑和恐惧的方法。

在考试前，可反复想象以下场景：在家复习准备，来到考场；教师宣布考试；我被题目难住了；时间快要到了，我根本做不完……面对这些场景，有些学生会说“我不敢想象!”但是，你坚持这样做就会好起来。如果想象后出现心慌、头晕、手抖、出汗，请立即持续做深呼吸并放松，很快就能平息不安的情绪。如此反复多次（每2天进行1次，每次3～5分钟），考试焦虑就会有所缓解。

2. 自我暗示

进入考场后，可以暗示自己“我能行”“我紧张，别人也一样”等等。

3. 宣泄倾诉

当你感到压力过大时，可以找个值得你信任的人把苦恼与对方说一说。对方的同情和理解是很好的减压良方。

4. 调整期望值

适当调整期望值，切合实际地提出目标和期望，考出平时成绩，就是考试成功。

5. 端正考试动机

充分认识到成长比成绩更重要，未来的成功不取决于某次考试。

6. 做好充分的考试准备，保持良好的考试状态

（1）掌握应试的技巧：

① 稳定情绪。

② 在答题前浏览试卷，统观全局。

③ 认真审题，理解题意。

④ 贯彻先易后难的原则。

⑤ 不忽视任何细节。

⑥ 注意克服定势的干扰。

⑦ 先求正确，再求速度。

⑧ 对难题能做一点就做一点。

⑨ 合理使用时间，不要提前交卷。

⑩ 考完退场后，不要急于对答案。

（2）保证有充分的体力，早饭要吃好。

（3）物质准备：准备好考试所需材料。

（4）怯场的控制：先易后难，自我调节。

① 可用“调整呼吸法”，即全身放松，多次做深而均匀的呼吸，双眼注视一个固定的目标或微闭，反复有节奏地呼吸，这样会很快消除怯场情绪。

② 采取“积极心理暗示”方法，进行自我暗示。如“我能行”“我能成功”“我这次考试肯定会取得好成绩”“这次试题很难，大家都一样”。

如何看待青春期的“早恋”现象？

什么是青春期的“早恋”现象？>>>>

早恋一般指未进入大学阶段的青少年之间发生的恋爱关系。国内近20年的调查表明，在中学阶段有过感情经历的人很多，而大多数都是暗恋、单恋（单相思）。将青少年由于正常生理和心理发展造成的对异性的爱慕归为“早恋”，是不科学的。

为什么会出现青春期“早恋”现象？>>>>

青春期是儿童向成人过渡的中间阶段，有人把它称为“人生历程的十字路口”，它既与儿童有别，又与成人不同。男女青年在心理方面的最大变化是在性心理领域，他们对性的意识，由不自觉到自觉；对性对象，由同性转为异性；对性的兴趣，由反感到爱慕再到初恋。青少年如果未能被及时引导，会因过度好奇、幻想、性欲等驱使而不能自持。若再受到社会及网络上不良现象的影响，某些青少年就会滋长不健康的性心理，以致荒废学业，甚至触犯刑法，具体表现为：

（1）由性冲动和外在吸引而产生，缺乏思想情感方面的考虑。

（2）片面看待对方而产生倾慕之情，缺乏对对方的全面评价。

（3）缺乏责任感和伦理道德观念的约束，易发生性行为。

出现早恋的原因有：

（1）生理原因：到了青春期，生理变化引起了性心理的变化。

（2）风气原因：据了解，部分学生早恋是受同学或知心朋友的影响，因从众心理而加入早恋者的行列。

（3）叛逆心理：青春期的学生正处于逆反期，家长和老师对早恋的反对和批评常激起其逆反心理，产生早恋。

该怎样对待早恋？>>>>

（1）提高认识，着重疏导。对于早恋现象，不可盲目批评和制止，而需要家长和老师对孩子进行引导，倾听他们的心理话，让其懂得什么是真正的爱与责任。

（2）在生活和感情上给予尊重和关爱。在发生早恋的中小学生中，绝大多数都涉及问题家庭。这些家庭的孩子在生活上享受不到家庭的宽容和关爱，感情上缺乏温暖和尊重，于是非常渴望有人分担其内心的苦恼，而此时，异性同学就成了最好的倾诉对象。对于孩子发生的早恋行为，父母应该反省自己在日常生活中是否经常和孩子沟通，以及是否有效沟通。

（3）开展活动，积极倡导与异性的健康交往。

父母和学校需要对青春期少年进行性健康教育，引导教育学生理解自己的心理变化。

什么是认知行为治疗？

什么是认知行为治疗？>>>>

认知行为治疗是由 A. T. Beck 在 20 世纪 60 年代提出的一种有结构、短程、认知取向的心理治疗方法。

认知疗法的详细介绍 >>>>

1.“ABC”理论

此理论由 Ellis 提出。A 指与情感有关系的事件（Activating events）；B 指信念或想法（Beliefs），包括理性或非理性的信念；C 指与事件有关的情感反应结果（Consequences）和行为反应。事件和反应的关系：通常认为，事件 A 直接引起反应 C，事实上并非如此，在 A 与 C 之间有 B 的中介因素（认知因素）。A 对于个体的意义或是否引起反应受 B 的影响，即受人们的认知、信念影响。认知或信念对情绪反应或行为有重要影响，非理性或错误认知是导致异常情绪和行为的重要因素，而不是事件本身。

2. 折叠自动思维

遇到事件后出现的伴随着情感的想法称作自动思维。自动思维没有好坏之分，只有适应和非适应之分。非适应部分也称歪曲思维或错误思维。这些错误思想常是不知不觉地、习惯地进行，因而不易被认识到。不同的认知歪曲会产生不同的心理问题。

常见的认知歪曲有：（1）主观臆想：缺乏根据，主观武断推测。如某件工作未做好，便推想所有的事自己都做不好。(2) 一叶障目：只看细节或一时的表现而做出结论。如一次考试中有一题答不出，事后一心只想着未答的那道题，并认为这场考试全都失败了。(3) 乱贴标签：片面地把自己或别人标签化。例如某妈妈将孩子学习不好归于自己，并认为自己是个“坏妈妈”。(4) 非此即彼的绝对思想：认为不白即黑，不好即坏，要求十全十美。例如一次考试没考好，便认为自己是个失败者，一切都完了。

3. 核心信念

自动思维的背后是核心信念，类似于世界观、价值观，它们是指导和推动生活的原动力。这些信念被人们认定是绝对的真理，不加怀疑，认为事情就应该是这个样子。大多数人会维持比较正向的核心信念，如“我是有价值的”。有心理问题的人多有负性的核心信念，例如，如果一个人的核心信念是“我是没有能力的”，那么他就会在生活中倾向于选择性地注意与此核心信念有关的某些信息，表现出没有能力的反应，即使有积极的信息，也仿佛视而不见，持续相信和维护这一负向核心信念。负向核心信念一般情况下和早年的成长经历有关。核心信念深藏在人的内心，不容易被清楚地认识到，要经过探索才能发现。

认知行为治疗的应用 >>>>

1. 抑郁

抑郁者经常会无端地自罪自责，夸大自己的缺点，指责自己，自我评价低，表现出一种认知上的不合逻辑性和不切实际性。

抑郁最大的风险是自杀，自杀的认知偏差是感到不能应付生活问题，断定所遇到的问题不可能解决，有种绝望感，感到无路可走。

2. 焦虑

对自己知觉到的危险过度夸大反应，做灾难性解释，感到危险和恐惧，如怕死去、怕发疯、怕出错、怕发生意外等，他们会有选择性地注意那些身体上或心理上的威胁性信息。核心信念中多以“危险”为主题。危险的核心信念带来危险的自动想法，进而引起焦虑。

3. 强迫

强迫的认知特点是：（1）过高的、不适当的内心要求。（2）完美主义倾向。（3）过分要求控制。（4）万事要求确定。

什么是叙事疗法？

什么是叙事疗法？>>>>

叙事疗法是后现代心理治疗的方式，它改变了传统上将人看作问题的治疗观念，透过“故事叙述”“问题外化”等方法，使人变得自主、有动力。叙事心理治疗可以让当事人的心理得以成长。叙事疗法是目前应用比较广泛的后现代心理治疗技术，具有操作性强、效果显著等特点。

叙事疗法的作用 >>>>

（1）帮助人们把自己的生活及与他人的关系区分出来，以更好地认识自己。

（2）帮助他们挑战有问题的生活方式。

（3）鼓励人们根据关于自我的故事来重新塑造生活。

叙事疗法的理论观点 >>>>

1. 人≠问题

叙事疗法是后现代心理治疗中很受欢迎的一种治疗方法。叙事的观点提倡对人的尊重，将问题和人分开，问题是问题，人是人。谈话的方向是支持个案在问题和自我之间建立合适的关系。

2. 后现代主义认为，每个人都是自己问题的专家

每个人面对众多困难仍能走到今天，表明是有一些资源在支撑着我们，

这些资源本来就蕴藏在我们的生活之中，将这些积极资源调用起来，就有可能形成不一样的生命故事，之前的问题也就解决了，所以我们都是解决自己问题的专家。

3. 放下主流文化的量尺

叙事疗法的创始人麦克怀特说：“个人问题的形成，有很大因素与主流文化的压制有关。”社会文化通过社会评价体系来塑造社会成员的行为，如什么样的人才是成功的，什么样的行为才是对的，什么样的生活才是幸福的。主流文化具有一定的压迫性，忽略了个体生活的多样性，很多人对自己的消极叙事是在文化的大背景下形成的，更换一种叙事方式，该结论将不复存在。

4. 自我认同的改变

当个体用主流文化价值观作为评判自己行为的唯一标准时，个体只能看到那些符合或者不符合主流文化标准的行为，对其他行为视而不见。如个体认为自己的行为长期都达不到社会主流标准，那么就可能形成消极的自我认同，认为自己是差的、不好的，认为自己是有问题的。但实际上，任何生活事件都有多种意义价值，一件事情可能既是消极又是积极的，将生活事件中多元意义的丰富性展示出来，个体就更可能在其中选择符合自己的积极的价值判断，进而感到自己的人生是主动的，从而形成更适合的符合自身体验的自我认同感。

5. 寻找生命的力量

主流文化影响我们，这是叙事流派的主轴。我们认为自己就是问题。叙事疗法帮我们把问题和人分开，将问题“外化”，淡化主流文化对我们的影响。

叙事疗法与过去心理治疗最大的不同是，叙事疗法相信当事人才是自己问题的专家，咨询师只是陪伴的角色，当事人应该相信自己有能力并且有解决困难的方法。叙事心理治疗的重点是要帮助当事人重新检视自身的生活，重新定义生活的意义，进而回到正常的生活中。

叙事疗法的具体方法 >>>>

（1）折叠编排和诠释。叙述心理治疗是让当事人先讲出自己的生命故事，以此为主轴，再通过咨询师的重写，丰富故事内容，从而改编生命故事。心理学家认为，我们可以在重新叙述自己的故事或重新叙述一个不是自己的故事中，发现新的角度，产生新的态度，从而产生新的故事，形成重建的力量。叙事心理治疗的故事所引发的不再是封闭的结论，而是开放的感想。有时在故事中还要加入“重要他人”的角色，从中寻找新的意义与方向。

（2）问题外化。将问题与人分开，让问题是问题，人是人。

问题外化之后，问题和人分开，人的内在本质会被重新发现与认可，从而解决自己的问题。

（3）由薄到厚。如果一个学生累积了比较多的积极自我认同的经验，凡事就较有自信，不需要教师、父母多操心。相反，如果一个学生消极的自我认同远多于积极的自我认同，就会失去支撑其向上的力量，使他有沉沦下去的感觉。

叙事心理治疗的辅导方法，是在消极的自我认同中寻找隐藏在其中的积极的自我认同，在消极中看到积极的一面。当事人积极的资产会被自己压缩成薄片，如果将薄片还原，在意识层面加深自己的觉知，这样由薄而厚，就能形成积极的自我观念。

参考书目及网站

百度百科:https://baike.baidu.com/item/想象力

百度百科:https://baike.baidu.com/item/注意力

百度百科:https://baike.baidu.com/item/恋母情结

百度百科:https://baike.baidu.com/item/感觉统合

360doc 个人图书馆:http://www.360doc.com/content/16/0302/13/31153398_538791924.shtml

360 百科:https://baike.so.com/doc/6588913-6802688.html

360 百科:https://baike.so.com/doc/6588913-6802688.html

360 百科:https://baike.so.com/doc/6017799-6230790.html

360 百科:https://baike.so.com/doc/6184530-6397780.html

伍新春,胡佩诚.行为矫正[M].北京:高等教育出版社,2005.

360 百科:https://baike.so.com/doc/7006748-7229630.html

360 百科:https://baike.so.com/doc/1543488-1631703.html

360 百科:https://baike.so.com/doc/26935174-28300175.html

360 百科:https://baike.so.com/doc/5721494-5934224.html

360 百科:https://baike.so.com/doc/5340864-5576307.html

360 百科:https://baike.so.com/doc/5914533-6127444.html

360 百科:https://baike.so.com/doc/6534431-6748169.html

结语

随着社会的发展，人们越来越关注心理健康。所谓幸福只不过是内心的一种健康状态，关注心理健康也就是关心我们的人生幸福。未成年人的心理健康常常决定着其未来的健康成长和人生幸福。

阿德勒说过："幸福的童年能治愈一生，不幸的童年用一生来治愈。"回望澄心⁺近三年的工作，仿佛过眼烟云，但又历历在目。生活的甜酸苦辣、学习中的忧愁烦恼、亲子关系中的痛苦悲伤、人际关系中的冲突矛盾，还有那些无法言语的感受，就像一幕幕电影在小小的咨询室里上演。

走进咨询室的每一个人，都怀着一颗真诚的心，期待着自己的改变。咨询师所做的工作就是和来访者共同协作，运用专业知识协助未成年人及其家庭发生转变。咨询师仿佛在没有硝烟的心灵战争中陪伴、扶持着来访者。不幸和烦恼有其不同的原因，幸福及快乐有其相似的模式，因此，在咨询室中得到的改变常常不是一个人的，而是系统的改变。

这本书里记载的只是一些小小的片段，真心希望有缘人能够从中收获一些感悟和方法，让生活和学习变得更加美好，让心理更阳光，让明天更灿烂。